徳大寺有恒 ベストエッセイ

徳大寺有恒

草思社文庫

徳大寺有恒　ベストエッセイ◉目次

第1章

「徳大寺有恒」のはじまり　15

一九七六年刊『間違いだらけのクルマ選び』最初の「はじめに」
『正篇・間違いだらけのクルマ選び』　17

一九七七年刊『続・間違いだらけのクルマ選び』の「はじめに」
『続・間違いだらけのクルマ選び』　21

第2章

私の好きなクルマたち　27

VWゴルフGLE、このしっかり感が私を魅了する
『自動車博物館』1986年刊　29

ミニが体現したイギリス車の精神
『ダンディー・トークⅡ』1992年刊　35

2CV、このクルマは何ともカッコいい

第3章

ドライブの楽しみ

オープンカーこそ自動車本来の姿だ
「フレンドリー」開業30周年特別号　1994年刊……82
私の好きな道
『ダンディー・トーク』1989年刊……86

第4章 クルマとは何か

93
名車ブームの陰に隠れた本当の名車
『続・間違いだらけのクルマ選び』1977年刊……95
ミニハウスとしてのマイカー論
初出不詳……100
シトローエンに自動車の夢が見える
『ダンディー・トークII』1992年刊……104
プリウスの発売は〝環境時代〟の幕開けを感じさせた
『1998年版間違いだらけのクルマ選び』……124
私はとにかくミニヴァンは大嫌いだ！

『2000年版間違いだらけのクルマ選び』 127
クルマの究極の理想は『ナウシカ』のメーヴェだ
『2002年夏版間違いだらけのクルマ選び』 129
クルマとは、そもそもバカバカしいものではなかったか
『2001年下期版間違いだらけのクルマ選び』 132
売るだけですごいが、クルマの出来にも驚いた！
『2015年版間違いだらけのクルマ選び』 135

第5章

どう生きるか、どう生きてきたか

141
〝寿司屋のVWビートル〟はスポーツカーだった
「VW WORLD」No.7 1989年刊 143
スカGがポルシェを抜いた!?――第二回日本グランプリ参戦録
「スコラ」1982年12月9日号 147
人生のどん底でつかんだお金の哲学
『ぶ男に生まれて』1999年刊 169

会社人間である前に自分であれ
「ビーイング」　1992年5月21日号 …… 172
金はかたちに残らないものに遣え
「モーターエイジ」1988年3月号 …… 175
加瀬さん、本当にありがとうございました
『2012年版間違いだらけのクルマ選び』 …… 178

第6章

趣味——食べること、オシャレ、タバコなど　185

その店の名は『ポピー』
『ダンディー・トーク』1989年刊 …… 187
クルマにかっこよく乗るのは、本当にむずかしい
『ニューヨークを楽しんだあと、私はポルシェ959の試乗に向かった』1991年刊 …… 195
クルマに乗るとき何を着ようか
「フレンドリー」1993年冬季号 …… 202
長嶋茂雄バンザイ

第７章
メーカーを叱る

第8章

クルマ行政、けしからん！ 279

第9章 ユーザーが賢くなれば、クルマはよくなる 305

本文デザイン　Malpu Design
写真提供　杉江悠子（16ページ）
さいとうさだちか（16ページ以外すべて）
イラスト　穂積和夫
編集協力　長谷川裕

※［　］で囲まれた注・割注は、本書のために編集部が加えたもの。
それ以外の（　）は基本的に原文のままである。

第1章

「徳大寺有恒」のはじまり

1976年秋に刊行された『間違いだらけのクルマ選び』の辛口評論は、当時の自動車ジャーナリズムにセンセーションを巻き起こし、以後の日本のクルマづくりに少なからぬ影響を与えた。正続二巻のそれぞれの序文に、その一年間の経緯がよく現れている。

著者が最初の『間違いだらけのクルマ選び』を執筆
したとき所有していた初代VWゴルフと、悠子夫人。
正篇『間違いだらけ』のクルマ評価は、このゴルフを
基準になされた。1976年ころ、著者による撮影。

一九七六年刊『間違いだらけのクルマ選び』最初の「はじめに」

［正篇・間違いだらけのクルマ選び］

国産車は不必要に贅沢だ

クルマほど買いやすい大型耐久消費財はないといわれる。ローンがこう発達してくると、クルマを買うのに必要なのはカネよりもむしろ買おうとする意志なのかもしれない。この意志さえあれば、とりあえずディーラーはピカピカのニューカーを届けてくれる。もちろんクルマを手に入れてからが大変で、ローンの返済、税金、保険、ガソリン……と、もともと軽いサイフがますます軽くなる。

最近国産車はよくなったと評価されている。一〇年前よりもよくなったことは確かだ。基本的なメカニズムもある程度進歩したし、スタイルの向上、内装の豪華さ、豊富なアクセサリーなどはもう目を見張るばかりだ。しかし、筆者がいつも国産車で不思議に思うのは、不必要に贅沢なことだ。

たとえば1200cc、1400ccクラスのクルマといえば典型的な大衆車。そんな大衆車に各種のアクセサリーが付き、一〇種以上ものグレードが用意されているのには驚いてしまう。しかもアクセサリーの多くはたわいのないものだし、その一方では、このクラスのクルマにもっとも大切なファクターであるスペースユーティリティには工夫のあとがまったく見られない。これはいったいどうなっているのだろうか。

国産車メーカーは、ことスペースに関しては一貫してサイズアップというイージーな方法を用いてきた。サイズが大きくなれば当然のことながらウエイトも重くなる。小さなエンジンにウエイトの増加はパフォーマンスに大きな影響を与えるから、経済性も落ちるわけだ。そこでどうしてもエンジンを大きくしなければならない。国産大衆車の歴史はこうした悪循環のくりかえしであった。

日本になぜヨーロッパの小型大衆車のように実用一点張りのクルマができないのだろうか。これが筆者の一貫した疑問であった。最近では腹立たしくさえある。最初これはメーカーのせいだとばかり思っていた。生産性最優先のフロントエンジン・リアドライブ中心主義で、ユーティリティにはハッチバックなどというマヤカシをつくってお茶をにごす。あんなハッチバックを多用途車と呼んで平然としているメーカーの製作者のセンスには憤《いきどお》りさえ持ったことがある。

国産車の現状はユーザーにも責任がある

しかし最近、私は国産車が現在のように嘆かわしい姿にとどまっている責任の半分は、ユーザーが負うべきものではないかと考えるようになった。というのも、国産車メーカーは、世界的水準の高い技術を持っているのだから、ユーザーが望めばそれに近いものはつくれるハズ。ところが、日本のユーザーは、依然アクセサリーがゴチャゴチャくっついて、スタイル中心主義のクルマを望んでいる。だからメーカーは、クルマの本質的な技術革新にカネを遣うより、目先で勝負できる新しいアクセサリーの開発に力を注いでいるのではないだろうか。ラジオはFM、バックミラーは電動式、ドライバーズシートに座ったままでオイルやバッテリー、テールランプなどがチェックできるシステム。一見ユーザーに便利なアクセサリーが満載だ。しかし、一方で、最少の燃費で最高の性能と大きなスペースを持つクルマの開発というような基本的で大切なことが置き去りにされてしまっているのだ。

　また日本のユーザーは、不思議なことにどんどんクルマを買い替え、しだいに高価なものへとグレードアップしていく傾向にある。大金持ちならともかく、クルマの買い替えなど五年七年に一度で十分だろう。無意味な買い替えは、カネの無駄遣いであるばかりか、人類共通の財産である資源の浪費でもあり、罪悪でさえあるのだ。もっともこの買い替えは、ユーザーだけが責められるものではなく、メーカーがコンピュータまで動員して〝計画された陳腐化〟をおこなっていることに大きな問題がある。安くて、性能がよくて、燃費が経済的で、乗り心地と使い勝手がよく、しかも長持ちするクルマをメーカーがつくるように努力しさえすれば、省資源に貢献するところは大きいし、ユーザーも無駄なカネを遣わなくてすむというものだ。卵が先か鶏が先かの議論ではないが、メーカーはクルマに対するユーザーの意識が低いのを幸い、低俗で理想にほど遠いクルマをつくり続けている。ユーザーはメーカーの巧妙な宣伝やパブリシティ、商策に乗せられて、つまらないクルマがいいクルマだと信じ込まされてしまう。どちらが悪いとかいいとかいう前に、メーカーもユーザーも、真に理想的な大衆車を開発する努力をしなければならないだろう。

その国で生産されるクルマを見れば、その国民のものの考え方がわかるといわれる。西ドイツ製のクルマを見ればドイツ人の国民性や文化がわかるし、アメリカ車には、アメリカらしさがある。さて日本のクルマを見たとき、果たして世界に向かって胸を張れるだろうか。筆者は日本のクルマを愛するがゆえに、国産車の現状に警鐘を打ち鳴らすのである。批判のための批判でないことは、本書を一読していただけば、おわかりいただけると思う。本書がきっかけとなって、国産大衆車が一歩でも理想に近づいてくれれば幸いである。なお、かなり大胆に書いたのでクルマ好きの友人や、知り合いの整備技術者一〇人ほどに原稿を読んでもらったところ、声をそろえて「これこそ長年待ち望んでいた本だ」と励ましてくれた。個々の記述においては若干の間違いがあるかもしれない。お気づきの点があればご指摘いただきたい。ここで取り上げた各車種のデータは、だいたい一九七六年八月現在のものであり、その後若干の変更があるかもしれないが、その点はご諒承いただきたい。

一九七七年刊『続・間違いだらけのクルマ選び』の「はじめに」

［続・間違いだらけのクルマ選び］

正篇出版から一年。何があったか

本書正篇が出版されて約一年たつ。そのあいだ私は反響の大きさに驚くとともに、私と同じようにクルマを愛しながら、現在の国産車の姿に満足できない読者のみなさんからたくさん共感と励ましのお便りをいただき、大いに勇気づけられたものだ。しかし一方ではさまざまな妨害や圧力をこの身で感じた一年間でもあった。

ところで、私はこの続篇を書くために約一カ月半にわたりヨーロッパへ取材旅行に出かけた。そこで私はVW、ルノー、フィアットなどヨーロッパの主な自動車会社の企画マンと会い、いくつかの興味ある話を聞き出すことに成功した。その中でもっとも感銘を受けたのがルノーの企画室長の話である。彼のセクションでもっとも大切な仕事は現在のユーザーがクルマにどんなことを求めているかをつかむことで、この企画室には家庭の主婦や学生、OLなどまでいた。ここからあのR16、14が生まれたわけだ。そしてルノーは現在あくまでFWD、5ドア車に企画をしぼっているという考えも聞かされた。スタイルについて私が質問すると、彼は〝その点は重要ではあるが結果として二の次、三の次である〟といい切った。これは日本人の私にはとてもすがすがしいものにうつり、しかもうらやましくさえあった。そして私の目からすると彼らのつくるルノー5や14はけっして悪いスタイルではないのだ。

続けて彼にディーゼルエンジン車を出さない理由も聞いてみた。それには〝ディーゼルオイルの価格がきわめて政治的に定められることを考え、現在のディーゼルエンジンの短所を考えるとあまり興味がない〟という答えが返ってきた。昭和五三年［一九七八年］には日本の各メーカーから数種ディーゼルエンジン車が出ると思うが、日本ではもっとむずかしい問題が起きるだろう。もし乗用車の3％以上をディーゼルエンジンが占めればこのクルマだけ税金が高くなるなど、なんらかの手が打たれるかもしれない。

VWは最大の市場が日本車と激しく競うアメリカである。このため日本のクルマについてはことのほか興味をもっている。日本のクルマはとても仕上げがよく、アクセサリーもたくさんついていると認めながらも、日本のクルマとのコストの差に触れ、

ＶＷをはじめとするドイツの大企業で今一番問題になっているのはいかに労働者に働く喜びを与えるかということであり、現在ＶＷでは専門の学者を動員し、このためのいろいろな試みがおこなわれていると語った。その一つが例のボルボ方式のエンジン組み立てである。これは一人の工員がはじめから終わりまでエンジンを組み立てるもので、流れ作業の現代ではいかにも非能率的な工法である。もちろんこれは実験段階であるが、このほかにもいろいろおこなわれている。たとえばヴォルフスブルクのメイン工場に働く工員は日本から訪れた私の目にはきわめてのんびりとしていて、少々だらけた感じにさえ見えたものだ。広報マンの説明では〝今やＶＷでは生産の合理化はこれ以上できない。なぜならば生産の合理化は失業を生むもとであり、企業の社会的な存在理由を考えれば失業を生んでまでの合理化は正しくないと考えるからだ〟という。これも乗用車の生産性の高さ世界一の日本人にとっては驚きであった。ヨーロッパのクルマは確かに日本の同クラスのクルマと比べてかなり割高である。このＶＷの話を聞くと遠からず日本にもこのような労働意識、経営意識が入ってこよう。もちろんこのことは乗用車のコストアップにつながるから嬉しくない。しかし、われわれユーザーはこういう理由でクルマの価格が上昇することは認めなくてはならないだろう。また、このような条件のもとでもＶＷゴルフがベストセラーにのし上がった理由に注目したい。それは単純にコスト低減で競争するのではなく、基本姿勢の正しさと、技術の高さでコスト高を見事に補って勝負しているということだ。また、VWのヴォルフスブルクの工場の公害対策も日本のすべての工場が範とすべきものであった。その空気汚染のチェック機構の周到さに感心したのである。

言論の自由は自ら護る者にのみ与えられる

日本へ帰ってくると、不景気といいつつもまだまだクルマはよく売れているし、輸出も好調だ。そして世界一を誇る生産性の威力はますます冴えわたっているようだ。しかしいつまでもわが世の春を謳歌しているばかりでいいものだろうか。実は、私はクルマという、人間にとって大変便利な道具がそろそろ命脈尽きるのではないかと危惧しているしだいだ。その一番の理由が、いったい石油はいつまで供給可能なのだろうかということだ。また、現在のあまりにも華美に走った高価格車中心の行き方が、本当に日本人の望むクルマづくりなのだろうかという疑問もある。

ヨーロッパのメーカーを訪れ、進んだクルマ社会を久しぶりに見た私は、現在の日本のクルマ社会についてかなり心配になってきた。日本のクルマを生きのびさせるには今どんなことをしたらよいのか、私はそのことを真剣に考えている。

最後に一言。正篇を出したとき、草思社はラジオ、テレビのスポット広告を計画したが、相当数のテレビ局と一部のラジオ局から放送を拒否された。また、前日まで熱心だった大手広告代理店が、理由を明確にしないまま急に辞退するという一幕もあって、広告計画に大幅な狂いが出た。誰かが計画的に指揮したことか、あるいは局の自主規制によるものかは明らかでないが、いずれにせよ不愉快な出来事であった。ただ、いくつかのテレビ局では担当者が、〝誰が何といおうとお受けします〟といって引き受けたという事実もまたあわせて報告しておかなければ不公平だろう。言論の自由は自ら護る者にのみ与えられるのではあるまいか。私自身についていえば、批評は大いに歓迎したい。この本の刊行を機に、クルマについての実りある論争が起これば、益するところ大のはずである。

第2章

私の好きなクルマたち

スバル360からフェラーリまで、ありとあらゆるクルマを試乗、かつ収入の大半を投じてさまざまな名車を所有した著者が記す「忘れ得ぬクルマたち」。ここに描かれるのはそのほんの一部である。

2代目VWゴルフと著者。1986年7月、
箱根での撮影。本書収録の原稿でも
取り上げられている、著者の所有車。

VWゴルフGLE、このしっかり感が私を魅了する

文中のVWゴルフは一九八三年に登場した二代目の19E型

［自動車博物館　1986年刊］

徳大寺有恒になる前

〝あのころは貧乏だったたな〟とひとりごとのようにつぶやく。少し遠くから女房の声、〝じゃ、今はお金持ちなの〟。確かだ。少しも変わっちゃいない。少しでも金があればクルマを買う。だから、昔も今もそう変わりはないんだ。変わったことといえば、そのなけなしの金高が少し大きくなり、当時より少しばかしいいクルマが買えるだけなのだから。

その昔VWゴルフを買った。生まれてはじめてクルマらしいクルマを買った。今から一二年も前のことだ。

毎日の日課は夜、床へ入るときに見る自動車雑誌の中古車欄。〝今いくらあればローバー2000TCが買えるなァ、いやメルツェデスの280CEも〟と想像はふくらむ。そして、最後は〝四〇〇万あれば、フェラーリ・デイトナが買えるのに〟となる。当時例のスーパーカーブームが終わって、この手のクルマが底値だった。

六〇分もすると、すぐに眠くなる。これが私の睡眠薬だった。そんな私に女房が買ってくれたクルマ、それがＶＷゴルフだった。むろん、ニューカーで、当時一五〇万円ぐらい。しかし、ビートルから四角になったＶＷゴルフをＶＷファンは好まなかったらしい。ヤナセも大まけにまけてくれたのだ。

当時、私はあるファッション誌の編集をやっていた。カリフォルニアへ取材へ行って帰ってきた翌日、世田谷のヤナセに受け取りにいった。マリノイエローという濃い黄色のＶＷゴルフ、予算がないので、オプショナルパーツはゼロ。〝愛車セット〟も辞退するぐらいだから、むろんエアコンディショナーもスライディングトップもなし。

その日のことはよく憶えている。小雨が降りだした。いかに私が貧乏でもワイパーぐらいは知っている。しかし、生まれてはじめてのガイシャの新車のワイパーの動きは妙に新鮮に感じた。

以来、どこへ行くのも私はこのＶＷゴルフを供にした。大阪、仙台、名古屋、富山、まあありとあらゆるところへ行った。

初代ゴルフを基準として『間違いだらけ』を書いた

軽快なクルマだった。当時の水準では一頭地を抜いたハンドリング、動力性能だった。

編集の仕事は夜遅い。そりゃ「ベストカー」の編集部を見りゃよくわかる。深夜の二時、三時、今じゃ首都高はこの時間も混んでいるが、その当時はガラすき、だから絶好のテストコースとなった。〝FFもいいな〟と思ったものだ。

毎日が満足の連続。幸福だった。どんなクルマをテストしても、自分のクルマに乗るとホッとした。そのVWゴルフを基準として『間違いだらけのクルマ選び』を書いた。そして徳大寺有恒となった。

徳大寺有恒を生んだマリノイエローのVWゴルフは真っ赤なアルファ・ロメオ・アルフェッタと変わった。

それから二年後、かつて私のものであったVWゴルフを赤坂で見かけて追いかけていった。いぶかるオーナーを止め、勝手にあれこれ見まわした。オーナーの好意でシートに座ることを許された。思わずジーンとなってしまった。

生まれて九年、大成功のVWゴルフははじめてフルモデルチェンジを受けた。その発表はミュンヘンでおこなわれた。私はこの発表会に招待されてミュンヘンのヒルトンホテルにいた。わがことのごとく〝いいクルマであって欲しい〟と願った。そして、それは私の心配を吹きとばすようなできのよさであった。ひとまわり大きくなり、リアシートとトランクルームが拡大された。すべてがワンランクアップにリファインされた。

今、ＶＷゴルフは世界中の小型車のトレンドである。日本はむろんのこと、フランスのプジョーやルノー5、イタリーのフィアットまで、このＶＷゴルフのコンセプトの枠から抜け出していない。

そのあいだ、ＶＷゴルフはＧＴＩという新しいセグメントのクルマをつくった。このＧＴＩはＢＭＷやメルツェデスをつき上げる効果となり、世界中のクルマの高性能化に拍車をかけた。

しっかりと大人になり、メジャーになったＶＷゴルフに私はちょっぴり寂しさを感じないわけでもない。あのころは（むろん日本ではのことだが）ＶＷゴルフは「みにくい箱」であり、けっして多くの人の憧れの対象じゃなかった。わかる人だけがわかるクルマ、それがＶＷゴルフだった。今やＶＷゴルフは一年に一万台以上も輸入されている。そして、多くの人に愛用されている。そのことはＶＷゴルフがいいクルマの証拠でもあるわけだが、同時に何か熱いものを失ったようにも思える。

私は再びＶＷゴルフに乗る決心をした。現在のＶＷゴルフがどんなものであるのか、それが知りたいし、何よりＶＷゴルフが好きだからでもある。私は自分のクルマを買うとき勉強用、研究用ということで選ばない。〝好き〟この一点で自分のクルマを決めるのだ。

手に入れた二代目ＶＷゴルフ

私のものとなったＶＷゴルフは一九八四年製のＶＷゴルフＧＬＥ、いわゆるカラット［欧州で設定されていたグレード名］である。なぜそれにしたかというと、このＶＷゴルフは女房が主として乗るため、オートマチックのほうが好ましく、かつ右ハンドルでパワーアシストがあったほうがいいと思ったからだ。その条件にかなうクルマは一度これを輸入しようという計画があって、後にそれがキャンセルされたため、一台の輸入で終わったＧＬＥしかなかったのだ。

ＧＬＥである外観上の差はバンパーがボディと同じカラー、ウィンドウまわりの細いクロームモールぐらいのもの。ボディは4ドアで（日本流にいえば5ドア）、シートはＧＴＩと同じ型、生地がモケットである。特別なアクセサリーとしてはパワーウィンドウがつく。

購入して一年、まだ6000㎞オーバーというものだが、それは女房が近距離しか使わないためで、私は箱根への取材などに使っている。ＶＷゴルフは都内をトコトコころがすには少々もったいないような気がする。このクルマの真価は長距離ドライブで発揮されるのだ。

ＶＷゴルフと最新の国産同クラスのクルマ、たとえばカローラであり、シビック、ファミリア、サニーに比べると、その最大の違いはボリューム感ではなかろうか。確かにカローラやサニーという国産車は、いわゆる〝乗りやすさ〟がある。いいかえれば安直なのだ。VWゴルフはこの国産車1・5〜1・6ℓ級の安直さはない。もっと重量感のあるクルマなのだ。

VWゴルフは1・8ℓと大きなエンジンを持つが、けっしてそのためのものではない。それが証拠に、この重量感はコロナ、ブルーバードというより大きな国産車とも違う。

ではVWゴルフのフィールは何に似ているかというと、BMW318iやサーブ900、アウディ90のようなものだ。つまり、VWゴルフに乗ってわかったことだが、国産車とヨーロッパ車のあいだにはまったくの違いがあり、VWゴルフもまたそのヨーロッパ車の一員であることを強烈に感じさせてくれるのである。

むろんヨーロッパ車にもクラスはあり、VWゴルフよりBMWやメルツェデスは上だ。そして、その差は国産のカローラとマークⅡの差と似たものなのだ。

VWゴルフにはカローラ、マークⅡとは比べられないものが厳然として存在する。それがいいか、悪いかはこの際さておいて、しっかりクルマを運転している感じ、しっかり路面ショックを吸収している感じ、しっかりブレーキが効いている感じは、VWゴルフはどの国産車よりも上なのである。このしっかり感がどれほど重要であるかの議論もまた必要であることは認めるし、このしっかり感のみでVWゴルフの国産車に対する優位を主張する気もない。

ただ、元気なエンジン、そしてしっかり感、それらはあの〝私の〟マリノイエローのVWゴルフ1500そのものであり、それがいまだ私をして、VWゴルフに夢中にさせる要因であることは間違いない。

［ダンディー・トークⅡ　1992年刊］

ミニが体現したイギリス車の精神

ミニは〝イギリスらしい〟か

ミニはエイリアンである。

ロールス／ベントリィ、あるいはジャグァーといったクルマがイギリス車の本流だとすると、ミニのようなクルマははっきりいってエイリアンである。

しかしミニを〝イギリスらしい〟とすれば、逆にロールス／ベントリィがエイリアンだ。

それくらい、大きな隔たりがある。

一般的に、ロールス／ベントリィは上流階級のクルマ。ミニは大衆のクルマといったイメージがあるが、この隔たりというのは、そんなもんじゃない。

もっと根本的な差異だ。そこには明確に設計思想の「哲学」としての差異がある。そういった意味で、どちらに優劣があるというのではなく、両者は対等に、同じ地平に立った場所で、明確に異なる〝世界〟を提示しているのである。

だからミニを最初に認めたのは、イギリスの一般大衆ではなく、むしろロールス／ベントリィを日常的に使用している上流階級だった。ミニが、単なる〝大衆車〟の枠組みを超えた独自の価値をもつクルマであると見抜くには、やはりある程度の教育と教養のレベルが必要だったのかもしれない。

日本でいう大衆車と高級車の違いは、単なる価格とサイズの違いでしかない。たとえば、カローラとマークⅡ、あるいはクラウンといったトヨタのメインストリームを形成する車種は、そのクオリティ、テイストどれをとっても驚くほど似ている。スタイルすら、価格の順に大きくしているといった感じである。

しかしヨーロッパでは違う。高級車と大衆車は、成り立ち、目指すもの、すべてが最初から全然別世界を構築している。

ミニがもつクラスレスの風格

だからロールス／ベントリィに価値を見いだす人たちが、ミニに、やはりそれとは異なる価値を見いだすのである。同じ価値に基づくクルマが大小に分かれているだけならば、金があれば、誰だって大きいほうを選びたいと思うのは人情というものではないか。

そうはさせず、ミニ以外のどんなクルマも、ミニの代用にはならないというものを実現したという意味で、ミニは偉大なのである。

ミニは大衆車か？

もちろんそうだ。

しかしミニは、確かに合理的で高効率なクルマを安く大衆に提供するというテーマに基づいて設計されたクルマであったが、そこには骨太の哲学があり、その強靱な設計思想が、ミニに、大衆車／高級車などというジャンルを超えた、一種クラスレスの風格を与えることになった。

その骨太の哲学とは、すなわち「最小のサイズで最大の効果を」という思想である。

まあ、レトリックの問題からしても、こいつは〝矛盾〟を抱えている。アクロバティックな格闘を想像させるテーマを最初から孕《はら》んでいる。

しかしだいたいが、歴史に残る発明といったものは、いつも矛盾を解決しようとしたときのジャンプからしか生まれていない。今までの手法ではとうてい目標地点に到達できないと悟ったときの盲目的なジャンプが、常に新しい道を切り開くのである。

ミニも、また跳んだ。

ミニのテーマというのは、具体的には、大人四人を乗せ、しかも自動車としての安定性を確保したまま全長を３ｍ以内におさめるというものだった。

もちろん、そのテーマ自身がすごいといっているのではない。そのために採用したレイアウトが突然変異的に画期的だったのである。

横置きエンジンによるＦＦ２ボックス。

今でこそ、このレイアウトは小型車の基本的文法となっているが、三〇年以上も前にミニがこれを採用するまでは、世界のどこを探したってこういうクルマはなかった。

これを設計したのが、有名なアレック・イシゴニスである。

どうもヨーロッパの伝統的な小型車というのは、一人の天才的な設計者の手によることが多いようだ。フォルクスワーゲンの育ての親はフェルディナント・ポルシェだし、フィアットのトポリーノ［１９３６年に発表の小型大衆車フィアット５００の愛称。「ハツカネズミ」の意］はダンテ・ジアコーサだ。

小型の大衆車というのは、小さなボディと広い室内、あるいは経済性と高性能という二律背反する要素を同時に満たさなければならないわけだが、そういうアクロバティックな課題に対して画期的な解決策を見いだすためには、どうしても天才の、神の啓示にも似たひらめきが必要なのかもしれない。

このミニが生まれる背景には、一九五六年に勃発したスエズ動乱があった。動乱によって世界の石油事情が悪化し、BMC（ブリティッシュ・モーター・コーポレーション）は、小型で燃費のいいクルマを開発しようと、社内、社外からデザインコンペをおこなったのである。その結果採用されたのが、アレック・イシゴニスのこのミニの基本計画だったわけだ。

イシゴニスはミニの設計当初から、スペース効率を生かすためにFF、2ボックスというコンセプトしかないと確信していたようだが、問題はエンジンのレイアウトだった。こいつは、けっこうクルマの中では物理的に大きな比重を占めるやっかいなシロモノなのだ。

イシゴニス設計の革新性はどこにあるか

イシゴニスが考えたのは、エンジンの横置き、つまり、今まで南北の方向［クルマの前後の方向］に長々と積んでいたエンジンを東西に配置して、しかもギアボックスをエンジンの下に抱え込んでしまうという手法だった。そうしてエンジンオイルとギアオイルを共通にして潤滑させてしまおうというのである。

独創的といおうか奇抜といおうか、とにかく革命的なレイアウトとしかいいようがない。

確かにこの手法により、トランスミッション・ハウジングが出ないぶん、ドライバーとパッセンジャーの足元が広くなるというめざましい効果が発揮された。

こうしてパワートレインを一点に集中させたため、ミニは何とボディの八〇パーセントを、乗員の有効スペースとして活用できるようになったのである。

ミニの独創性はそれだけではない。

ホイール／タイヤを思いきって小径にしたことだった。

それまでの自動車のホイール＋タイヤの径は15インチが標準だったが、イシゴニスは、これを10インチにしたのである。小径タイヤは、高速になれば必然的に高回転を要求されるため、耐久性に難点があると懸念される傾向にあったが、イシゴニスはそのへん思いきった決断を下したのだ。室内空間がそれによって、さらに広げられたことはいうまでもない。

さらにイシゴニスは、スペースの有効利用をより高めるためにドア窓をスライド式にしたり、ドアの内側を物入れにするなど、これでもか、これでもかといわんばかりの広さへの執念を見せる。あの、日本では〝可愛い！〟といわれるミニのスタイルは、まさに、イシゴニスの鬼のような、冷徹な合理主義の産物なのである。

イギリスは伝統的なものを愛する国民性が強く、クルマでもきわめてオーソドックスな技術を偏愛する傾向がある。イギリス人の好む大衆的な小型車というのは、メカニズムが古典的で、構造がシンプルで、オーナー自身がいつでもある程度のメインテナンスができるようなクルマが主流だった。モーリス・マイナー、オースティンA30、40、50などといったイギリス大衆車は、みなそのようなオーソドックスなつくりを持ったクルマだった。

その中でミニは、突然変異の異端児だった。

事実、一九五九年に売り出されたとき、ほとんどのイギリス人はそっぽを向いたままだった。あまりの革新性に、多くのイギリス大衆はそれをどう評価したらいいのかわからなかったのである。

しかし、やがて上流階級や文化人におもしろがられて、ミニがじわじわと一般社会に普及していったことは冒頭に書いたとおりである。

イギリスはときとして異端を生む

イギリスはおもしろい国で、メカでも意匠でも非常にオーソドックスなものを重視するにもかかわらず、ときとして世界をあっといわせる異端的なものを登場させることがある。そしてそれ以降、世界の流れを変えるほどの影響力を持ってしまうのである。

たとえばF1マシンにおける一連のロータスがそうだった。従来のスペースフレームよりはるかにボディ剛性の高いモノコックシェルを持ったシャシーの開発。エンジンをシャシー構造材として使うアイディア。そして羽根でダウンフォースを得るという発想。さらに、ボディ構造そのものでウィングカーをつくるという企画。

全盛期のロータスのF1マシンは、それこそ魔法の玉手箱のように、次から次へと人を唖然とさせるアイディアを続出させた。

もちろん、それもコーリン・チャップマンという一人の天才の為せるワザだったが、アレック・イシゴニスのミニが大衆車の流れを変えたように、ロータスの開発したマシンは、レースの世界の流れを変えた。

余談だが、このロータスのつくったロータス・エランというクルマは、現在おこなわれるヒストリックカーレースでも頭抜けて速い。

理由は簡単。エランが近代的だからである。

ヒストリックカーレースというのは一九六九年以前のクルマによって争われるレースだが、その時代のクルマの中に身を置くと、エランはびっくりするほどモダーンなのである。

ミニもそうである。

誕生してからすでに三〇年を越えるにもかかわらず、ミニもまた、時代を超える合理性を持っている。

イギリス人は、ときとして、突然変異のような、それまでの流れに逆らった不思議なメカニズムを開発することがあるが、その異端性というのは、世の中の常識に逆らうほどの合理性によって貫かれているわけなのである。

そして、そういう〝異端の〟合理性が、オーソドックスなものを尊ぶ土壌に見事に根を生やすのもイギリスなのである。

考えてみれば、イギリスの風土自体が、新奇なるものと伝統的なるものとの融合・調和を特色としているといえそうだ。

ロンドンを見ればいい。

あれほどクラシカルな街並みを持つ首都もほかにはないが、そこに超モダーンなスーパーカーなどが止まっていたりすると、これが見事に調和して見える。街の景色がシックなくせに、赤のような派手な色が似合ったりする。

極端と極端が共存できる国なのだ。音楽史の革命といわれるビートルズが出たりするわけである。そういうイギリスの特徴というのは、やはり世界制覇を経験し、海外からあらゆる価値と美学を持つ文物を導入させてきたという、民族の歴史的経験が生んだものなのだろう。

ミニ・クーパーの登場

話題をミニに戻そう。

ミニは、その後めざましい勢いで世界的なヒット商品にのし上がっていくわけだが、そのミニブームのきっかけをつくったのは、何といってもミニ・クーパーの登場だった。

ミニの正式名称は、〝ミニ・クーパー〟だと思っている人がいるくらい、このミニ・クーパーというクルマは、ミニそのものの知名度を大いに高める役割を果たした。

が、このクルマはミニとは別種なクルマだと思っていい。ミニは大衆車だが、ミニ・クーパーは〝スポーツセダン〟なのだ。一九六〇年代にF1で活躍したジョン・クーパーがミニのスポーツ性を見抜き、そのエンジンをパワーアップしたチューンナップ・バージョンがミニ・クーパーなのである。

もともとミニは、軽量、コンパクト、かつ優れた操作性というスポーツ・ギアとして優れた素質を秘めたクルマだった。これをモータースポーツ好きのイギリス人が見逃すはずはなく、いろいろなチューニング・ショップがミニのスポーツキットを出した。その中で頭抜けていたのが、ジョン・クーパーのチューンした〝ミニ・クーパー〟だったわけである。

ジョン・クーパーも、またミニの設計者であるアレック・イシゴニスと同じくらい偉大な人で、早い時代からレーシングカーにミッドシップレイアウトを取り入れ、F1の世界でもミッドシップを用いて連続ワールドチャンピオンに輝いた記録を持っている。そのときのドライバーが、あの有名なジャック・ブラバムである。

そんな先見の明があるジョン・クーパーが目をつけたミニは、彼の長いレースの経験を生かしたコンペティション・モデルとして見事に磨きがかけられたわけだ。

このF1のクーパーチームの名声を利用するようなかたちで、BMCは、クーパーのチューンしたミニ・クーパーの生産をはじめる。

オリジナルの850ccを1000ccにアップしたミニ・クーパーは、パワーも34馬力から55馬力にアップされ、ブレーキも強力なディスクブレーキを備えて、たちまちのうちにツーリングカーレースで頭角を現すようになる。こうなると、もうミニはたちまち人気者だ。

このミニ・クーパーがジャカスカとレースに現れるようになると、それにつられてフォードはアングリアで参戦、ルーツグループはサンビーム・インプを出場させ、ロータスはフォード・コーティナをチューンしたロータス・コーティナを投入するといった始末。

それにジャグアー・マークⅡ3・8が加わり、アメリカからは7ℓのフォード・ギヤラクシーが遠征してくるといった調子で、一九六〇年代のイギリスのサルーンカー・レーシングシーンは、まさに〝戦国時代〟の様相を呈していった。イギリスのみならず、ヨーロッパ全体のレースが盛り上がったのである。

こうなるとジョン・クーパーもBMCも黙っちゃいない。すかさずミニ・クーパーをさらに強化してミニ・クーパーSを投入する。

ミニ・クーパーSには1ℓ、1・1ℓ、1・3ℓと三種類のエンジンが用意され、最強バージョンの1・3ℓモデルは、75馬力という、当時としてはけっこうなパワーを発揮することになった。

このミニ・クーパーSの登場で、ミニは黄金時代を迎えることになる。

ミニ・クーパーSのツーリングカーレースでの活躍はめざましく、ラリーでも大健闘。一九六四年のモンテカルロラリーではイギリス人ドライバー、パディ・ホプカークのドライブにより総合優勝を果たしている。イギリス車、ならびにイギリスのモータースポーツのよき時代であった。

ミニの伝説を完成させたジャーナリズム

ミニは、こうしてイギリス車の全盛期を支えるクルマの一翼を担ったわけだが、ミニの素晴らしさが世間に喧伝されるようになったのは、こうしたモータースポーツでの活躍のほかに、その成り立ちを素敵な伝説として完成させたジャーナリズムの力を見逃すことができない。

たとえば、ローレンス・ポメロイの書いた『ミニ・ストーリー』は、今でもミニを論じたジャーナリズムの傑作の一つだろう。

ポメロイは、自動車の設計者として活躍した偉大なエンジニアであったが、後年、名文をものする自動車評論家としても名をなし、彼の名句はいまだに多くの自動車評論の中で使われている。

たとえば「あなたがロールス・ロイスを運転しているとき、一番うるさいのはあなたの時計の音です」という、ロールス・ロイス・シルバークラウドのインプレッションの書き出しは、その後、ロールスを語るときの一つの定型として定着した。

ポメロイはなかなかのディレッタントで、その文章も、正確な技術批評に裏打ちされながら、あたかも極上の短編小説を読むかのような贅沢な味わいがあった。クルマの走行感を表現するのにも、「クィーンマリーでテムズを上るかのような……」といった感じの、洒落た比喩を思いつく人だった。

そういう、一流の評論家が健筆をふるって賛辞するミニというクルマは、本当に幸せなクルマといえるだろう。

このポメロイの『ミニ・ストーリー』は、今でも日本では小林彰太郎さんの名訳で読むことができる［『ミニ・ストーリー――小型車の革命』二玄社、現在は在庫切れ］。翻訳家がまた、原著者に負けない名文家だけに、この本は日本で読めるクルマ評論の傑作になっている。

そのミニが、現在日本ですごい人気である。一時生産中止も噂されたが、日本マーケットに支えられて、噂もどこ吹く風とばかりに好調である。ミニ・クーパーも再び生産されるようになった。三〇年前に設計されたクルマが、ほとんどオリジナルのスペックを保ったまま いまだに人気を維持しているというのは、ほとんど奇跡としかいいようがない。

もっとも、今売られているミニ［当時］は、かつてのミニとは微妙に違う。ミニの特徴の一つであった10インチホイールは、12インチに換えられた。乗り心地はよくなったが、ペタンと地を這うような感触は失われた。そのほかの部分も悲しいまでにモデファイされ、かつてのミニの持っていたいさぎよさは、だいぶ失われたように感じる。

それでもこのクルマに乗って、スクリーンを通して見る世界は、一種独特の〝ミニ・ワールド〟といった持ち味があり、ほかのどんな小型車にも見られない魅力的な感触に満ちている。

現在のミニは、かつてイシゴニスが企画したときの「最小限のサイズで最大の効果を」という合理的な意図を離れて、完全にレトロ的な趣味の世界のクルマとして扱われている。

とくに日本では、若い女性が「可愛い！」といって、玩具《おもちゃ》の感覚で評価している。イギリスでは、もう少し男っぽい受け入れられ方をしていたと思うが、ま、これは文化の違いだからしようがない。

私もミニを可愛いと思う

かくいう私も、実は、ミニを可愛いと思っている一人である。

しかし、それは小さく愛敬があるスタイルをしているからというのではない。

そういうクルマなら日産のＢｅ－1、パオ、エスカルゴといったクルマのほうが、はっきり〝可愛らしさ〟を売る路線を徹底させている。

しかし私は、それらのクルマからは、何の可愛らしさも感じることができない。

これらのクルマは、デザイン以外には見るべきところが少ないというクルマにもかかわらず、そのデザインがお粗末。オリジナリティがないのだ。パオはルノー4だし、エスカルゴにはシトローエンの2ＣＶの影が見える。こういうスタイルなら、さぞや今までの日本車に飽きたらないユーザーが喜ぶだろうという魂胆がみえみえなのだ。

では、中身はどうなのかというと、これもまた、Ｂｅ－1とパオはマーチをベースとした2ボックス車だし、エスカルゴはサニーのエンジンを使った商用車だ。要するにマーチ、ないしはそれに毛の生えたようなシャシーに、ヨーロッパ小型車もどきのボディをかぶせただけに過ぎない。

これが可愛いだろうか？

私は少しも可愛いとは思わない。

可愛さというのは、何も外見だけで生まれるのではあるまい。結局はキャラクターで決まるものだ。

ミニが〝可愛い〟のは、何より、そのキャラクターがけなげだからである。キャラクターに一生懸命シンプルに徹しようとする一途さがあるからだ。

ミニは外見もシンプルならば、内装だってシンプル。ダッシュボードにメーターが一つ。スピードメーターとその中に水温計と燃料計を持つのみといったあんばいである。それだけでも、必要不可欠なものだけに徹しようという、けなげな姿勢が伝わってくるではないか。

それが〝可愛い〟のである。

少ない力を最大限に発揮して、まわりの大きなクルマに負けないようにがんばろうという、その気構えが可愛いのである。

それゆえ、そのけなげなミニを、さまざまなドレスアップ・パーツで元気づけてやろうという、ユーザーの熱意が喚起されるのだ。

ミニは、ロールス／ベントリィ、あるいはジャグァーとともに、イギリスらしいクルマとして健闘している最後のクルマである。その性格は、その前にあげた高級車たちとは違うとはいえ、まぎれもなく「イギリス車の精神」を体現する一台であることに変わりない。

2CV、このクルマは何ともカッコいい

〔自動車博物館　1986年刊〕

変なクルマとしてのフランス車

シトローエン、不思議なクルマである。この国においてはなおさら不思議で、それは門外漢を疎外するムードがある。

こいつは私のひがみかもしれないけど、日本で私のようにたいしてシトローエンを知らない人間が乗るのは少し抵抗がある。何か変なムードなのだ。

ま、そのシトローエンも今やその他のフランス車などとともに大いに国際化され「BX」などという、とっつきやすいモデルも登場してはいるが。

だいたい、フランス車というものが変なクルマであり、独特な日本のクルマ通に愛されている。

彼らにいわせれば西ドイツ車なんて俗物も俗物、くだらんことおびただしいのだろう。

その西ドイツ車が理想とされるこの国では、フランス車はもっとも遠いところにあり、マイノリティであることは必然である。

まして、この年間一〇〇〇万台もクルマがつくられ、そいつがどれもこれも同じ価値観でつくられる国にあっては、相当違った価値観でつくられるフランス車、それもシトローエンとなると、日本のモータリーゼイションのメジャーとはうんと遠いところにある。

その距離の遠さが〝通〟を気取る人々に気に入られて、そのやせ我慢ぶりが、私にとってはおもしろく、少しからかってやりたいと思わせる。

本物のフランス車党じゃなく、だからといって西ドイツ車党とも思えない私は、いつもフランス車党、シトローエン党の人々を少しうらやましく思うこともある。

フィールを重視し、ジャグァーを手に入れてみれば機械としての完全でない部分にいら立つし、といって、メルツェデスに乗れば〝よすぎて〟おもしろくないという。

いったいどれがいいんだ、どれが好きなんだ、と悩みつつ、そのくせ、どのクルマに乗っても嬉しく思い、愉しんでいるんだから。

ま、とにかくクルマを好きになって四〇年、免許を取って三〇年以上を経ても、このクルマなる摩訶不思議なものにとりつかれ、あれがいいの、これがいいのといっているのである。

一生これでいいのかと思い、また逆にこれじゃいかんとも思う。

そして、フランス車党、シトローエン党にとってはけっして許せないであろう。かくもふとどきな輩の私はこれがまたフランス車も好きであり、シトローエンはとくに好みのクルマなのである。

2CVにどう乗るか

友人の北方謙三さんと仕事でシトローエン2CVチャールストンに乗ったことがある。彼はこの車を一目見て気に入ってしまい、すぐさま買い込んでしまった。

失礼ながら北方さんは今、ようやくクルマが動かせるようになった、といえるぐらいのドライバーで、もちろんカーマニアじゃない。

その北方さんはこの2CVが大いに気に入り、何とマセラッティ・ビトゥルボ425と併用している。

長年、女性の運転するクルマに乗り続けた北方さんにいわせれば、2CVは美しい女性に運転させて、その横で楽しむのもいいそうだ。

ピューリタン的なシトローエンの信者にいわせればふとどきな輩だろうが、私はクルマってものはそういうものでもあると思う。

私は北方さんがご自分の２ＣＶに乗っているのを見たことがないのだが、多分、あの人のことだからダークスーツでキメこんで（ちなみにビトゥルボのときはミッソーニのスウェーターなど着ているんだから）、ＰＯＬＯのサングラスで、グッとすごみをきかせているのだろう。いい大人が子供っぽく振る舞えるクルマはいいクルマだと思う。

もう一人、２ＣＶの友人の話をしよう。

彼は「ＮＡＶＩ」の編集スタッフの一人だ。鈴木さんという、この人も大いにオシャレで、そのオシャレぶりも、高い知性も私は好きなのだが、彼は北方さんと違って本物らしい（というのは本当のところ私にもわからないから）シトローエン党である。

鈴木さんも多くの場合はタイドアップで２ＣＶに乗っている。

その服はフランチェスコ・スマルトやピエール・バルマン［いずれもフランスのブランド］でなくてポール・スチュアートである。

北方さんも鈴木さんも２ＣＶはタイドアップが多い。２ＣＶって不思議なクルマだ。

むろん、フランスでは地下鉄の工事のオッチャンが工事用の服で乗っているのだが、それはそれでいい。それは生活であるのだから。

鈴木さんは北方さんよりクルマに詳しく、クルマの性能についての評価もできる人だ。

北方さんの2CVへの想いとはむろん違うところで2CVを選んで自分のクルマにしているのだが、といって、フランス人のベーシックカーとしての2CVを使うのとは明らかに異なる。

もうおわかりだと思う。シトローエン2CV、このクルマは何ともカッコいいのである。

クルマにおけるカッコいいというのはいろいろある。

大切なのはクルマ自体が持っているスタイルのよさや豪華さではなくて、そこに人間が介在してのイメージであると思う。

2CVはどのようにカッコいいか

フェラーリは確かにカッコよいスタイルをしている。じゃこのフェラーリに乗りさえすれば誰でもカッコよくなれるのかというと、そうじゃあるまい(大向こうから〝お前は似合わないよ〟の声が飛んできそうだ)。

かつて、私は短期間だがベントリィTに乗ったことがある。いいクルマだ。しかし、どうもいけない。その昔、殿様から女房を拝領したような話と同じでどうも居心地がよくないのである。結局、このベントリィ大いに気に入っていたのだが〝身分に不つり合いは不縁のもと〟というやつで早々に手放した。

クルマと人間ということを考えてみると、クルマ選びはダンゼンむずかしくなる。じゃ、俺のほうが勝つべく国産の適当なものはどうかというと今度はクルマのほうにキャラクターが不足する。

クルマに大いなるキャラクターがあり、強い主張をして、しかも自分の生活感や価値観にぴったりくるものじゃなければおもしろくない。

シトローエン2CVというクルマはある一部の人々にはこよなくこの関係がいいのだと思う。それは冒頭に書いたごとくマイノリティであり、〝わかる人にしかわからない〟ものなのだが、それだけにいっそういいのだと思う。内心〝ウッヒヒ〟の世界なのだろう。

こういうクルマはめったにあるもんじゃない。いや、ことによるとシトローエン2CVが世界で唯一のものかもしれないのだ。そう思うと彼らの〝ウッヒヒ〟がわかる。

シトローエン2CVはきわめて哲学的なクルマであるが、それに乗る人もまた……なのである。

このもののあふれる世の中で、クルマにかぎらず大いに便利なる日本の、それも東京にあって、シトローエン2CVに乗ることはさぞやおもしろいことだろうということが短い試乗の中でもわかる。

シトローエン2CVは一語にしていえば不便なるクルマといえるかもしれない。今どきドアのストッパーのないクルマなんてあるのだろうか。しかし、逆に考えると、クルマにとって必要なものはすべてそろっている。

もっとも心配される（600ccだから）スピードだって十分なのだ。テストの日、雨がパラパラ降っていたがワイパーも可愛く動くし、何とスクリーンウォッシャーすら備えているのだ。ヒーターは暖かい。これ以上何がいるのだ。

この2CVが生まれて約四〇年、むろん現役最年長のクルマである。そして、驚くべきことに、この2CVは他のクルマがやったごとく、いわゆる性能の改良、とくに動力性能を主とする改良はほとんどおこなわれていないのだ［1948年に375ccで登場して、最終形では602ccと排気量を拡大したが、空冷水平対向2気筒というエンジン形式はそのままだった］。

ご存知のごとくフランスには高速道路も十分にあるというのに。

この日も多くのメルツェデスSクラスと一緒になった。彼らは200km／hカー、私の乗る2CVは100km／h少々。でも少しもイジけない。この日2CVのあと、私はジャグァーに乗って仕事をこなしたが、2CV以上のスピードは出さなかったし、

2CVについているアクセサリー以外何も使う必要はなかった。

二〇世紀を生き残った最後の〝暴力〟としてのクルマ

［1998年版 間違いだらけのクルマ選び］

倦怠からの脱出

ごくたまにしかないが、フェラーリに乗ると、いつもながら「たいしたものだ」と思う。このクルマは年間四〇〇〇台以下の生産でしかない。その工場はイタリア、モデナ郊外のマラネロという村にある。いつも、ここへは世界中からフェラーリ好きが訪れる。私も、今年もまたここを訪れた。それはごくごく普通の自動車工場で、赤いF355を中心に、550マラネロ、456などがつくられていた。F50も二、三台ラインに並んでいた。

フェラーリは、F1レーサーを公道上で乗れるようにしたクルマである。フェラーリのオーナーはそれを楽しんできた。だからフェラーリはその歴史上、フェラーリに乗り慣れていないと動かすことすらむずかしいこともあった。しかし、今や自動車技術の進歩で、フェラーリとて、昨日免許を取ったばかりのお嬢さんにも乗れるようになった。とはいえ、依然としてフェラーリを走らせるには、クルマに対する惜しみない愛情と情熱、そして高い運転技術が要求される。

とりわけ大事なのは、センシティブな感受性だ。エンジンの回転が上がり、その軽合金の燃焼室内で爆発に応じてチタンのピストンが上下し、それがドライバーのスロットルの踏み込みによってさらに回転を高める。それを全身で感じることが必要なのだ。逆にいうと、それが感じられない人はフェラーリに乗らないほうがいい。あんな高い金を出してそれを感じられなければ、買う意味がない。人はそれを官能という。確かにフェラーリの官能性は、他の自動車では味わえないものだと思う。

それは音であり、ヴァイブレーションであり、圧倒的な速度で通過する視覚であり、それによって起こる恐怖であったりする。そして何より、このクルマは生命の危険を予感させる。それは何不足なく生活している人間にとって、たとえようもなく甘美なフィールなのだ。だからフェラーリの顧客リストには世界中の金持ちが名を連ねている。彼らにとって倦怠は死より恐ろしいことである。そしてその倦怠からの脱出のためには、死への誘いの香りを持つフェラーリは、人生に欠かせない媚薬なのである。

二〇世紀は、個人の欲望が人類史上いまだかつてなかったほどふくらんだ時代だった。この個人の欲望は一九三〇年代から一九六〇年代にかけて、自動車に向けられた。

おそらく次の二一世紀は、この個人の欲望の拡大にもブレーキがかけられるのだろう。今やこの風潮は消えつつある。だが、少なくとも三〇年前までは、一部の人々は自動車とスピードを同一視して考え、多くのスポーツカーが人々の歓心を得ようとしていた。そして、それら並みいるチャレンジャーたちを蹴落として、最後に笑ったのがこのフェラーリなのである。

フェラーリは二〇世紀最大の流行物、自動車の一つのシンボルである。自動車の持つ資質、暴力性をこれほど見事に美しく表現したものはほかにない。

［月刊プレイボーイ 1994年 10月号］

アストン・マーチンDB6、こいつはちょっと手放せない

イギリス流がなぜ好きか

「実はお前はどのクルマが好きなんだ?」

私をよく知っている多くの読者はこう尋ねたいに違いない。

実は私のクルマ選びは、けっこう複雑なのである。それは私の人生そのものといえ

るかもしれない。

つまりは、私のスタイルの結果なのだが、とにかく、いろいろなものがつまっている。これらを一言で表せば、イギリス流ということになるやも知れぬ。

私は、イギリス的なものの考え方や物が好きである。洋服にしても、はじめは〝かっこいい〟が大切だったが、年を経るうちにつれて〝自分らしさ〟が大切になり、イギリス流に行きつくことになる。

クルマも同じことだが、単にかっこいいというだけではおさまらない。どうかっこいいのかということが問題なのだ。イギリス流のいいところは、このかっこよさにユーモアがひそんでいることで、これが男のスタイルを完成させる。

イギリスのウールはほとんど天然材料によって染められ、これがクラシックなウール地にぴったり合っている。うぐいす色はとくにイギリス人の好むところだが、この色にエンジ（イギリス人流にいえばバーガンディ）がよく似合っている。

イギリス流のオシャレはどこか野暮ったく、イタリアのそれと比べると、洗練に欠けるが、これが英国紳士にはまことに好ましく見えるのだ。

天然素材のツイード地はブリティッシュ・スタイルをよく表している。

このイギリス流のオシャレがやがて高級車になったり、スポーツカーになる。イギリス人にとって長距離、長時間レースはとくに好むところで、ベントリィやジャグァーはル・マン二四時間を雄々しく戦ったものである。

ベントリィもジャグァーもイギリス的で大いに好ましいが、私はアストン・マーチンを特別に好んでいる。一九五九年、アストン・マーチンはDBRI／300でこのル・マンに勝った。この時代のアストンはまことに素晴らしいクルマで、タフで、容易にあきらめない（?）イギリス流のスポーツカーだった。

DB6のドライブはイギリスそのもの

愛用のアストン・マーチンはDB6と称するスポーツカーだが、このイタリアン・ルックのスポーツカーは、イタリアのツゥリングという名門カロッツェリアでつくられたものである。

ストレート6のエンジンと、少し長めのホイールベースを持った高級スポーツカーである。

アストンはフェラーリのように高回転型エンジンではない。フェラーリのように美しいボディを持つわけでもない。そのいくぶんの野暮ったさもアストンらしく好ましいと思っている。

DOHCエンジンと四輪ディスクブレーキの組み合わせは、当時の最良のコンビネーションだった。スタートから100マイル（160㎞／h）に達し、フルブレーキしてストップさせるまでの時間を○○秒と誇らしげにカタログに記したものである。アストン・マーチンはDB6ではフル4シーターのボディを持っていて、世界最速のサルーンと豪語していた。豪華な革張りのインテリアに250km／hのスピードを持つ。

私のDB6は5スピードのZFトランスミッションを持つが、これがまことに具合よく、エンジンとともに、私のドライブに応えてくれる。

一九六八年生産だから、もう三〇年になるのだが、クルマのほうは元気いっぱいで、楽々と200km／h以上マークする。

さらにアストン・マーチンDB6の優れたところは、その乗り心地のよさである。ダッシュボードにダンパーの硬さを調節するノブがあり、これを操作することにより三段階に硬さが変化する。

私はこのアストンに一年間200〜300kmぐらいしか乗らないが、この距離が私にとって最長のものだと思っている。アストン・マーチンのドライブはイギリスそのもので、一七世紀以後、世界を圧倒し続けた国の贅沢がどんなものかわからせてくれる。

旧いスポーツカーはある人間にとってはまことに好ましいが、アストン・マーチンDB6はイギリスのクルマづくりがよく出ている。おそらくイギリス流クルマづくりの源はヴィクトリア時代だろうと思う。その好ましいインテリアも走らせたときの味わいも、イギリス人の趣味を表している。

DB6はロールス／ベントリィに近い豪華さだが、それほど贅沢じゃなく、スポーツカーらしい質素なたたずまいを、私は大いに好んでいる。ベントリィはそれなりに魅力的だが、このアストンは何といっても第一級のスポーツカーである。このイギリスの高級とスポーツカーの組み合わせが私を満足させている。〝こいつはちょっと手放せないナ〟と私は思っている。それは気に入ったツイードのジャケットのように、背にピタリと合った心地がよろしいのである。

［エムジャパン 1991年 8月号］

ぼくがジャグァーをスポーツ・サルーンというわけ

汗をかくばかりがスポーツではない

ジャグァーはスポーティである。私は心底そう思っている。

確かに現在のジャグァーラインナップはそのどれもがたいした速さはもっていない。

かつてのXK120のごとく、あるいはXK150Sのように、あの悲劇のスーパースポーツカーXKSS［工場火災によりほとんどが焼失した］、あるいはEタイプのような輝くがごときスポーツカーをつくっているワケではない。

サルーンにしてもそうである。マークⅡ3・8を例に取るまでもなく、文字どおりのスポーツサルーンであり、そのままライト類にテーピングをほどこし、ゼッケンを張れば草レースの一つや二つものにする、という類いのクルマは今はない。

今はジャグァーはきわめてジェントリィなサルーンカーを得意とするメーカーになっている。それはエレガントなサルーンであり、スポーツと呼ぶにはドレッシィすぎると思われるかもしれない。

それでも私はジャグァーのスティアリングを握るたびに〝こいつはスポーティだ〟と思ってしまうのだ。

ここで重要なことはスポーツとスポーティは似ているがハッキリと意味が違うことだろう。

これは洋服を例に取ると説明しやすいのだが、スポーツウェアとスポーティな装いとはまったく違う、と同じことである。

ゴルフやテニスのファッションはプレイのためのギアである。これはスポーツだ。しかしスポーティとなると一見ドレッシィな服装も含まれるのだ。

たとえばネイヴィブレザーは一番解かりやすい。素晴らしいネイヴィブレザーに白のフランネルのパンツ、靴はホワイトバック、タイは水玉のバタフライ、こいつはかなりのスポーティな装いだ。いってみればジャグァーの〝スポーティ〟とはこんなものなのだ。

初夏の午後、以上のようなネイヴィブレザーの装いでスポーツクラブの食事と、その後の楽しい会話を楽しむ。そんなイメージのスポーティがジャグァーにはある。

ジャグァーのライバルでもあるドイツの雄メルツェデスは、いわゆるクルマの機能という点ではジャグァーよりはるかにスポーティに思える。メルツェデスはジャグァーより多くの場合加速力を持つし、コーナーを回って見せたとしてもそのスピードはジャグァーをしのぐだろう。

それでもメルツェデスというクルマはあくまでもビジネスライクであり、その高い機能はドライバーの楽しみのためというより時間を短縮することの意義が前面に出ている。

また、こうともいえるかもしれない。メルツェデスは公的なイメージが強い。しかし、ジャグァーはあくまでもパーソナルである。メルツェデスSクラスはショーファードリブン［お抱え運転手付き］が不自然じゃないがジャグァーはちょっと違う。

このスポーティなるイメージの強さこそ、実はジャグァーの最大の魅力でありオーナーのパーソナリティの主張に十分手を貸しうる部分なのである。

ジャグァーのこのスポーティなキャラクターはけっして偶然できたものではない。その歴史に負うところと、その歴史を育んだイギリスの社会によるものであろうと思う。

そのキャラクターはいかにして成立したか

ジャグァーの創設者W・ライオンズは自動車史に名を残す成功者の一人だが、彼がこのジャグァー社の前身スワロー社を興してまだ六〇年あまりである［スワロー社の設立は一九二二年］。新興というのはチト失礼、さりとて老舗というほどでもないというところか。

ライオンズははじめからミドルを目指した。そして、ミドルに本物に見えるスタイルのスポーツカーやスポーツサルーンを提供することで成功への道をつかんだ。

スタイルはことのほか重要なのだ。ジャグァーははじめベントリィのようなスタイルのみのクルマからスタートした。そして、第二次大戦後、ＸＫ１２０の衝撃的なデビュー以来ホンモノのスポーツカーをつくるようになった。

ＸＫ１２０ははじめからＤＯＨＣ・ストレート６エンジンを持ち、そのスーパーバージョン「Ｍ」は確実に２００km／hを超えたのである。ＸＫ１２０がジャグァーの第二のスタートとなり、ジャグァーは純粋なスポーツで世界的に有名になったのだ。

　このスポーツカーをベースにジャグァーはスポーツサルーンをつくる。〝マークⅦ〟がそれである。この大型サルーンはスポーツカーのエンジンを持っていたから、その走りはめざましいものだった。イギリスのスポーツマンはこの大型サルーンでモンテカルロラリーやチューリップラリー〔一九四九年にはじまったオランダのラリー〕、アルペンラリーに参加したものである。

　スポーツカーのＸＫ１２０は１４０、１５０と発展し、そのあいだル・マン二四時間レースを五回制覇する。

　そして、サルーンのほうはマークⅧ、マークⅨと発展するが、ジャグァーはここでよりコンパクトなサルーン〝２・４〟をつくる。これが有名なマークⅡへ発展し、２・４、３・４、３・８ℓというエンジンを得て典型的な〝スポーツサルーン〟の地位を不動のものとする。

　スポーツカーはＥタイプに発展し、それはストレート６、３・８ℓから４・２ℓ、そしてついには５・３ℓ、V12へと発展していく。

　サルーンのほうもマークＸ、４２０／４２０Ｇとなり、やがてこの大型サルーン４２０／４２０ＧとマークＸ系は一本化される。

　クルマの開発が複雑で大きな資本を要するようになり、ジャグァーもまた、マーケットの合理化を図らなければならなくなってきた。それと同時にジャグァーの地位も年を追うごとに高くなり、より高級化していった。

一九六八年、ジャグァーは新しいスポーツサルーン〝XJ〟シリーズを発表する。ジャグァーの伝統をしっかり守ったスタイルと伝統のXKエンジンを持った〝スポーティで高級〟なサルーンである。

このXJシリーズが現在12気筒シリーズのみに残っているボディなのだ。

XJサルーンはジャグァーのイギリスのスポーツサルーンを色濃く出した近代的な高級車であった。

全長5mにならんとする大きなボディにもかかわらず、そのキャビン、とくにドライバーズシートはタイトで、しかも低く位置している。この絶妙のドライビングポジションこそ、ジャグァーのジャグァーたるところをわからせるもっとも重要なポイントなのだと思う。

タイトなシートに低く座るポジション。細く大きめのスティアリングホイール、華奢なシフター、そして古典的なダッシュボード、このへんの演出がジャグァーを決定づけている。

走りはじめると軽いスティアリング、しなやかなサスペンション。そこからはもう自分の時間だ。けっして誰のために走らせるのではないクルマなのだ。

洗練という言葉がこれほど似合うクルマはほかにないと断言できる。ジャグァーは確かにそのスタイルはバツグンだが、実はもっと素晴らしいのが走りそのものなのだ。だから、ジャグァーに一度乗った人間は必ずその虜《とりこ》になってしまう。そこから抜け出すのはとてもむずかしい。

ジャグァーのタッチはスポーティだが、そのタッチに一度でも触れるとメルツェデスもBMWも忘れさせる魔力がある。

ジャグァーを評価するには〝タッチがいい〟それで十分だ。スタビリティもコーナリングアビリティも説明を要しない。

むしろその類稀な美しいボディのペイントと内装色のことでも議論するほうがよい。

さて、そのカラーだが、これがまたいい色が多くて選ぶのに迷うのだ。ブルー系のメタリック、あるいは薄いグリーンメタリックに同系色の内装などはいかがかな。

第3章

ドライブの楽しみ

一人きりのドライブ、雨のドライブ、オープンエアモータリング、そして好きな音楽、好きな道。タイヤを鳴らすドリフト走行ではなく、自動車ユーザーなら誰もが味わうことのできるごくごく平凡なドライブの楽しみを描く。

ロールス・ロイス・コーニッシュと著者。
ラフな格好で、葉巻を楽しみながら。
1985年8月、世田谷での撮影。

一人っきりのドライブの楽しみ

［クルマ選びの基礎知識 1983年刊］

四〇歳からはじめた習慣

私がクルマを愛する理由の一つに〝一人っきりのドライブ〟の楽しみがある。少しの暇ができたとき、たった一人で目的もなく、ブラリとクルマの散歩に出かける。私は東京に住んでいるので目的地は箱根になることが多いが、房総や湘南海岸のときもある。また、日曜日などは都内をブラブラするときもある。むろん一人でだ。クルマは何でもいい。

その季節の景色や香りを楽しみ、適当なところでコーヒーを飲み、家へ帰る。これだけのことだ。無駄といえば無駄かもしれない。識者と称する人たちは〝資源の無駄遣いだ〟というかもしれない。

でも私はそうは思わない。私がこの一人っきりのドライブをはじめたのは四〇歳近くになってからである。そして、毎日、忙しく働いていて息つく暇もないときほどこの一人だけのドライブをする。

クルマの運転という行為は適度な緊張感をともなうものである。ドライブ中考えることは一つのことだけではない。その思考は運転のために中断されることが多い。けれど、いろいろな考えが浮かんでは消えていくうちにおもしろい考え方に出会ったりする。箱根に入ったら、私はいつものドライブ法でコーナーを速く走ろうとする。それは多少のリスクをともなうので頭の中はからっぽになる。このコーナリング中心のドライブを三〇分も続けると、それまでたまっていた精神的なストレスはほとんど解消している。

クルマの運転にともなう緊張がいいのだ。それは仕事の緊張とはまったく別のもので頭の疲労を取り去ってくれるのだ。阪神の掛布選手は、私に〝肉体的な疲労は若いから眠れば取れます。しかし、三試合もヒットがないときなど、その精神的な疲れを取るにはクルマを走らせるのが一番〟といっている。それは私の〝クルマをどういうふうに使いますか〟という質問への答えである。

私はこの一人っきりのドライブを世の同輩諸氏に勧めたいのである。私は本当の中年サラリーマンの大変さを身をもって知っているわけではないが、それでもそれなりに少しはわかるつもりである。中年男性にとって一人っきりになることの重要性を私は四〇歳になってはじめて知った。家族、友人と離れる時間がどんなに大切かをこの一人っきりのドライブをするようになってから痛感している。

これを月一回でもやりはじめるとクルマに対する考え方が変わる。クルマが可愛くなるのだ。

〝休日のマイカー使用はやめよう〟とか〝不要不急のマイカー使用自粛〟などという標語がある。私はもともとこうしたことに反対だったのだが、このごろそうした標語が書かれた看板などを見ると腹がたってくる。いったい誰がどのクルマを不要不急と断定するのであろうか。

とにかく、この一人っきりのドライブは得るものが多いが、そんなことを目的にしなくともよい。数時間だけでもたった一人っきりになることだけで、もう十分なのだ。

［モーターエイジ　1989年 1月号］

雨のドライブほど贅沢な遊びはない

雨のオープンカー、濡れた幌の情感

雨の日の運転が好きになれるかどうか。そいつが、本当のクルマ好きかどうかの分かれ目になると思う。

誰だって、晴れた日の運転のほうが楽だ。ましてや、雨ともなれば、ボディは汚れるわ、せっかくかけたワックスも流れるわで、雨をうらむドライバーは多い。

しかし、本当にクルマが美しく見えるのは、実は、雨の日なのだ。

夕暮れ。濡れたボディがタウンライトを鮮やかに反射して、一瞬ピカッと光る。そのとき、丸く盛り上がった無数の水滴が、真珠のように弾《はじ》けて揺れる。実にきれいだ。

そういうときのボディの色は暗色がいい。とくにグレーが美しい。濃いグレーが、雨のモノトーンのような色調に淡く溶けこみ、えもいわれぬ詩情をかもしだす。そのボディの上を、自らの重さに耐えきれなくなった水滴が、一筋の線となって、スーッと落ちていくときなど、セクシーな感動すら覚える。

だから、センシティブな映画監督は、好んで雨の中でクルマを走らせるシーンを撮る。

二〇年以上も前の映画だが、クロード・ルルーシュの『男と女』では、雨に濡れたオープンカーが、画面に、実にいい味を添えていた。

オープンカーは、晴れた日にこそ本領を発揮するものだが、それをあえて雨の日に使ったルルーシュのセンスがすごい。幌《ほろ》がしっとりと濡れたオープンカーは、クローズドボディのクルマでは表せないような情感をたたえていた。その幌の湿った質感が、男と女のやるせない恋心を見事に表現していた。

ルルーシュはおもしろい監督で、その二〇年後に、同じジャン＝ルイ・トランティニャンとアヌーク・エーメを使って『男と女Ⅱ』を撮る。そのときも、雨とクルマを効果的に使った。

　実際、二人の会話の中に「そういえば、俺たちがクルマに乗るときはいつも雨だな」という男のセリフが出てくる。いやがってしゃべっているのではない。雨が「俺たちの恋を見守ってくれている」というニュアンスがこめられている。

　クルマは、恋する二人にとって安らぎを与えてくれる格好の個室であるが、雨は、その個室をさらに濃密な空間に仕立ててあげる。

　もちろん、一人だけのドライブだって、雨の日は楽しい。見慣れた景色を、雨が違った情景につくり変えてくれるようなとき、私は雨に感謝したい気持ちになる。視界の悪さが、逆に、今まで見ることのできなかったような風景を出現させたときだ。

　たとえば、雨の日の高層ビル街。高くそびえたつビルが、低く垂れこめた雲のために途中から消えて、実に不思議な格好に見えたりする。上が見えないため、かえってビルが、宇宙にまで届いているかのような気分になる。SFチックな想像力がかき立てられて、妙に感動したりしてしまうのは、そんなときである。雨は、なぜ人間の感受性を刺激するのか？

　私は学者ではないから、正確なことはわからない。しかし、雨が人間の感情をくすぐるのは、雨の湿り気が、生命を誕生させた海への郷愁をかき立てるからだと思う。

昔見た『モンパルナスの灯』という映画に、ジェラール・フィリップ扮する主人公のモジリアニが、恋人と雨に濡れて歩く素敵なシーンが出てくる。

死後、天才の名をほしいままにしたモジリアニだが、生きていたときはほとんど評価されず、当然のことながら金がない。だから恋人ができても、彼には与えてやれるものが何ひとつない。そこで彼はいうのである。

「ぼくは雨が好きなんだ。ぼくが今、君にあげられるものは、この雨だけだ」

思わず泣けてしまうセリフだった。雨を、どんな宝石よりも贅沢なものとして感じさせてくれた映画をはじめて見たと思った。だから、今でも雨の日は、私にとって贅沢な一日なのだ。

［マダム　1986年　10月号］

クルマの音楽は一人だけのときに楽しむ

運転中の考えごとに音楽は欠かせない

クルマを運転中何をやっているか。私はいろいろなことを考えている。一番多いのは抱えている仕事のテーマ、その書き出しというもの、これが不思議なことに渋滞してクルマが止まっているとうまくいかない。通常のスピードで走っていてこそ思考がうまくいくのである。

渋滞時には何をしているかというと、もっぱら電話。日ごろごぶさたの友人や編集部へ電話する。これはノロノロ運転のときがいい。

そして、私は、たいてい一人でクルマに乗っているので、音楽はたやさない。クルマの運転と音楽とは、切っても切れないものとなっているのだ。例の思考中にも音楽はいつも鳴っている。そのほうがうまくいく。

どんな音楽を聴くかというと、多くはカセットテープで、ジャズ、ジャズボーカル、クラシックの類いである。

しかし、ウィークデイの一二時からは『FMヨコハマ』にする。六〇分間オールディーズ、スタンダードなどでとてもいい。私はこの番組を聞いていて目的地へ到着してしまったりすると、その曲を終わりまで聴きたいためにもう一周その近くを走ることすらある。

クラシックはモーツァルト、バッハ、ベートーヴェンも聴くけれど、一人の長距離ドライブにはマーラーなどもかける。夜の一人旅ならガーシュインが好きだ。

ジャズは最近ベニー・グッドマンが亡くなって、急に彼のものを聴きたくなった。ベニー・グッドマンやカウント・ベイシーというビッグバンドはいい。

しかし、逆に、ビル・エバンスの『ワルツ・フォー・デビー』や、コルトレーンの『バラッド』などもいい。と思うとフランク・シナトラのスタンダードは見事だ。少し新しいところでは、サリナ・ジョーンズもいい。とにかく美しい曲なら何でもいいのだ。

他人に音楽を押しつけられるのも、押しつけるのも嫌い

しかし、私はこれらを楽しむのは一人のドライブと決めている。二人、あるいは三人以上のドライブのときには、音楽はほとんど聴かない。

音楽の楽しみなんて自分一人のものではないか。自分がどんなにいいと思っている曲でも、他の人は少しもいいとは思わないことだってあるのだ。

ときどき私はそういう目に遭う。友人のクルマに乗ったときなど、その友人が演歌が好きだとしよう。すると演歌の大ボリュームや、例の鼻歌まじりとなる。こうなると、私は頭が痛くなってくる。別に私は演歌をまったく聴かないかというとそうでもないのだ。いいなと思うときもあるのだから。

たとえ好きなガーシュインの『ラプソディー』でも、私は他人のクルマで聴く気に

はならない。

　これは大いに手前勝手なことなのだが、自分のクルマ、自分でドライブしているという条件で〝好きな音楽〟となるのだ。

　だから、私は他人が、とくにリアシートに乗ったときには、クルマの音を一切出さないということが、エチケットだと思っている。

　しかし、世の中には押しつけがましい奴もいて、自分のクルマのオーディオセットがいかにいいか、自分の音楽の趣味がいかに素敵かを自慢したがる人がいる。こういうヤカラには、けっしてなるまいと私は心に決めている。

　話は少し横道にそれるが、もともとカラオケが大嫌いなタイプだ。これも聴きたくもない音楽を聴かされるのはやりきれないと思うからである。

　そういうわけで、クルマは私にとって個人的なもの。そして音楽を聴き、自分の自由な思考の遊泳。こういうことができるから、クルマを愛おしく思い、好きなのだと思う。

オープンカーこそ自動車本来の姿だ

［フレンドリー 開業30周年特別号 1994年刊］

オープンカーの種類、呼称

オープンカー好きで、なぜかオープンカーの原稿依頼がくるとワクワクする。オープンカーはとにかくかっこいい、こいつが重要である。

オープンカーといっても実はいろいろな種類がある。スポーツカーのオープンはロードスターとかスパイダーといわれる。二座で簡単な幌がつき、普段はオープンの姿で乗るのを常識とする。有名なクルマはメルツェデスのSLシリーズ、ポルシェ911などがこれである。

一般にスポーツクーペをオープンにしたもの、これは贅沢で、エレガント、もっともオープンらしくかっこいいとされている。ドイツ語ではこれをカブリオーレというが、イギリスではドロップヘッドクーペと呼ぶ。一方クーペのほうはフィックスヘッドクーペという。一九五〇～一九六〇年代のジャグァーはこのドロップヘッドクーペ、フィックスヘッドクーペ、それにロードスターというボディを持っていた。

現在のドロップヘッドクーペの最高はロールス／ベントリィのコーニッシュだろうと思う。四人乗りのオープンだが、幌は自動的に開閉できる。

ここで問題は、このトップをいつ開けるかである。高速道路を降り、そこから近くのゴルフクラブに向かう、こういうときになってトップを降ろし、オープンで行く。こういう使い方ができれば最高だろう。

夏の暑いとき、一台のロールス・ロイス・コーニッシュに出会った。彼はゆったりとタバコをくゆらせていた。これがぴったり似合っていて、都会の中でのドロップヘッドクーペもいいものだなァと感心した。

ジャグァーのコンヴァーチブルは二人乗りでちょっと不便だが、紳士が乗るのにふさわしいクルマである。V12 6ℓエンジンはスポーティであり、勇ましいエキゾーストノートを立てて走る。

やはりオープンとなるとイギリスものがよく似合う。比較的北に位置するドイツもオープンカーは多い。メルツェデスは第二次大戦後ずっとオープンをつくり続けたメーカーである。一九五〇年代の220Sカブリオーレや一九六〇年代の280SE3・5カブリオーレは、メルツェデスらしからぬエレガントなオープンである。

オープンは雨の日に不便だと多くの人が敬遠する。確かに置き場所に困るし、少々やっかいかもしれないがオープンには特有の楽しみがある。いわゆるクラシックカーは世界中で人気が高いが、クーペよりオープンのほうが旧くなってからの価値の維持は容易である。有名なフェラーリについても250ミッレミリアや250スパイダー・カリフォルニアなどはいまだ人気が衰えないオープンカーの代表的存在だと思う。

一度オープンに乗ってみろ

昨今オープンカーの人気が高まりつつある。上はロールス／ベントリィから、下はVWゴルフ、オペルなどでいろいろなオープンボディをマーケットに出している。

これはまず自動車の量的な普及によるもので、誰でも自動車が手に入るため、より個性的なスタイルや楽しみを求めるのだ。オープンカーそのものも雨風を避けるだけでなく、エアコンも完備して一般の使用にも問題なく耐える。このオープンカーの進歩がオープンカーの数を世界的に増やしている。

だから本来のオープンカー好きはよりラジカルなオープンカーに移行していく傾向にある。ロータス・スーパーセヴンや、モーガンというクルマがそれである。それらのクルマはエアコンもなく、運転もむずかしいが、オープン本来の楽しさや、かっこよさを持っていると信じられているのだ。

自動車誕生以来約一〇〇年、この間に自動車は安楽に安全に発達したが、その発達ぶりに必ずしも賛成しないユーザーがオープンカーを愛用すると考えてもいいかもしれない。

一般的にオープンカーは普通のファミリーカーより高価である。安いといわれるフォード・マスタングもオープンとなると三〇〇万円を超える。しかし、オープンファンは年々増えるから、オープンカーの楽しさを理解するファンは増え続けるだろう。

どんなクルマでもいいから、一度オープンに乗ってみろ。その楽しさに驚き〝こんな世界があったのだ〟と驚くに違いない。

私はよくオープンに乗っているが、オープンのいいところは、ガラスの箱から外へ出て、外の空気と自分が一緒になることだ。外を歩いている人と同じ空間にいる感じがセダンのモータリングと違うところだ。

オープンカーに乗ると、春には春の匂い、夏には夏の香りがある。これを感じることが愉しいのだ。

私は都会の東京でオープンカーに乗る。汚れた空気の中で東京のオープンカーはけっこう快適である。この快適な気分をより味わうために、私はなるべくオープンにする。

オープンカー一台でそのまわりの風景を一変させる。これがオープンのすごいことだ。私はときどき思うが、自動車の本来の姿、本来のモータリングというものはオープンカーによるものかもしれないなと思っている。

私の好きな道

［ダンディー・トーク 1989年刊］

一に推すのは首都高速の横羽線

クルマを走らせることのおもしろさは、道に負うことが多い。性能のいいスポーツカーだって、その性能を引き出せる道に恵まれなければ意味がないし、平凡なクルマだって周囲の景色が輝いていれば、素晴らしい乗り物に思えてくる。

人間一人ひとり、それぞれ表情が違うように、どんな道にも表情があって、その違いを味わいながら走るのが楽しい。

巧みな化粧で、舞台女優のような艶やかさをふりまく道があるかと思えば、純朴な生活がそのまま顔に出ているような、農家の老人のような道もある。ドライブの妙味は、道とクルマが見事なハーモニーを響かせるときに生まれる。

東京近郊で好きな道をあげろといわれれば、一に推すのは首都高速の横羽線。この道は夜がいい。

羽田空港が近づいて、飛行場の誘導ランプが、ブルーの光の帯となって連なっているのが見えてくると、いつもため息が出る。

料金所を過ぎた先にある、日石の化学プラントの、鉄のパイプを組み合わせた未来都市のような工業地帯の夜景もすごい。煙突から、ときどき火炎が噴き出したり、不思議な色のライトが建物を照らしていたりして、この世ならぬ雰囲気をかもしだしている。SF映画『ブレードランナー』の〝未来都市〟デザインのヒントになった場所だという話も聞いた。確かに、そこだけ、この二〇世紀の世の中に、突如「二一世紀」がまぎれこんできたかのような感じがする。

東京から成田へ向かう湾岸道路も素敵だ。ゆったりとした三車線が続き、周囲の景色に広がりがあるので、ちょっとした、アメリカのフリー・ウェイといった雰囲気だ。この道も、夜が素晴らしい。道の両脇に連なったライトポールの光が、真珠が散らばるように路上に跳ねる感じで、美しいなといつもつぶやいてしまう。最近は、視力が落ちてきて、夜はあまり飛ばせなくなってきた。ライトが美しく見えるのは、視界がぼやけて見えるせいかもしれないと思うと、少し寂しい。でも、そうやって、にじむような光の帯を眺めながら、ゆったり流すのもいいものだ。

この二つが、艶やかな〝化粧顔〟の道なら、素顔のような、素朴な美しさをたたえた道は、関東から北だ。とくに東北は、どこを走っても日本の原風景がそっくり保存されているようで心がなごむ。

峠越えをして麓に下りてきたときなど、茅ぶき屋根の家を見ると、ときどきクルマを停めて眺めることがある。今は、田舎のほうでもなくなりつつあるが、あれは美しいものだ。縁側、薪、干した大根、柿の木。そういう情景は、やはり美しい。

オホーツクの海岸線をヤレたポルシェで

一人旅なら北海道だ。

とくにオホーツク側の、稚内までの海岸線がいい。何もない坦々《たんたん》とした道がえんえんと続く。日本ではないところを走っているような気分になる。かといって、外国でもない。北海道独特の雰囲気なのだ。

こういう道は、スポーツカーで走ると気分が出る。といっても、モーガンだとハマりすぎ。テスタロッサでは浮きすぎる。五、六年自分とともに走ってきた、少しヤレた感じのポルシェといったところか。7、8万kmを消化し、まだまだ5000kmぐらいの長距離ドライブは元気いっぱいだが、それでも全開にすると少々きついかな、といった感じのクルマを、なだめすかし、いたわりつつ走っていくのがいい。

そして、ひなびた漁師町あたりで少し休憩し、浜辺で網を修理する老人などに泊まる場所を尋ねながら旅するなんてのが、この道には似合う。どこまで走っても、余分なものは何ひとつなく、必要な情緒はすべてある。都会生活にくたびれた人には、絶好の疲労回復となるはずだ。

　走りを楽しむのなら、何といっても箱根をあげなければならない。こんな〝スポーツカーロード〟は、世界中どこを探したってありゃしない。

　トリッキーなコーナー、豪快なコーナーが入り組んで、1300ccぐらいのライトウエイトスポーツから、3・2ℓのポルシェぐらいまで、ここではありとあらゆる車種に応じた走りが楽しめるようになっている。人がデザインしてもこうはいくまい。まさに、神が奇跡を起こしてつくったような、天然の名コースである。さすが、各自動車誌が、試乗コースとしてもてはやすだけのことはある。

　代表的なコースとしては芦ノ湖スカイラインをあげたい。箱根のあらゆるコースのエッセンスを集めたようなところがあり、自分のクルマを一度箱根で試してみたいというのなら、ここを勧める。

　私がとくに好きなのは、長尾峠の頂上から乙女峠の麓までの道。狭くてトリッキーなコーナーが続いて、ラリーをしているような気分になってくる。私はひそかにここを〝箱根ツール・ド・コルス〟と呼んで、小さいスポーティなクルマを試すときは必ずここへ持って来る。どのコーナーのRがどのくらいか、体が覚え込んでいるので、そのクルマの運動性能を知るには実にいい。

　このほかにも、箱根ハイランドホテルを右に出て、すぐ右に入り、仙石原へいたる道。箱根観光ホテル［のちのパレスホテル箱根］を過ぎ、箱根スカイライン方向に曲がらず、まっすぐ行く道など、私の好きなコースは、ほかにもいっぱいある。どこを走っても、それなりの妙味がある。季節によっても感じが違う。奥が深い。私は、自分でクルマを選ぶとき、いつも〝箱根を走ったらどうか？〟というのを一つの基準にしている。

最近は海外での仕事が増えて、国内を走る機会が少なくなってきた。だから、年老いて少し時間ができたら、日本国内を一年ぐらいで走る長旅に出てみようと思っている。焼物の窯《かま》を覗《のぞ》いてみたり、旨い地の魚を食べさせてくれる割烹に寄ったりしながら、のんびりと国内を回ってみたい。土地土地におもしろい人がいるだろうから、そういう人とじっくり世間話をしてみたい。それが私の夢である。

さて、そのときのクルマは何にするか。今から、そいつを考えている。BMW、メルツェデスというのも、いまひとつおもしろくない。ポルシェもややロマンにかける。思いきって、国産車にしようと思っている。私は、自動車評論というものをはじめてから、実は、国産車を自分のクルマとして持ったことがないのだ。国産車が嫌いというわけではないのだが、何となく縁がなかったのである。

しかし、日本の道を走り、日本を知ろうとするドライブには、なんとしても、わが日本で生まれたクルマを使ってみたい。だから、私のクルマ人生の最後の10万㎞は、わがたった一台の日本のクルマでしめくくろうと思っている。それをどのクルマにするか決めてはいないが、おそらくそれが、死ぬときに私を看取ってくれる最後のクルマとなるはずだ。

第4章

クルマとは何か

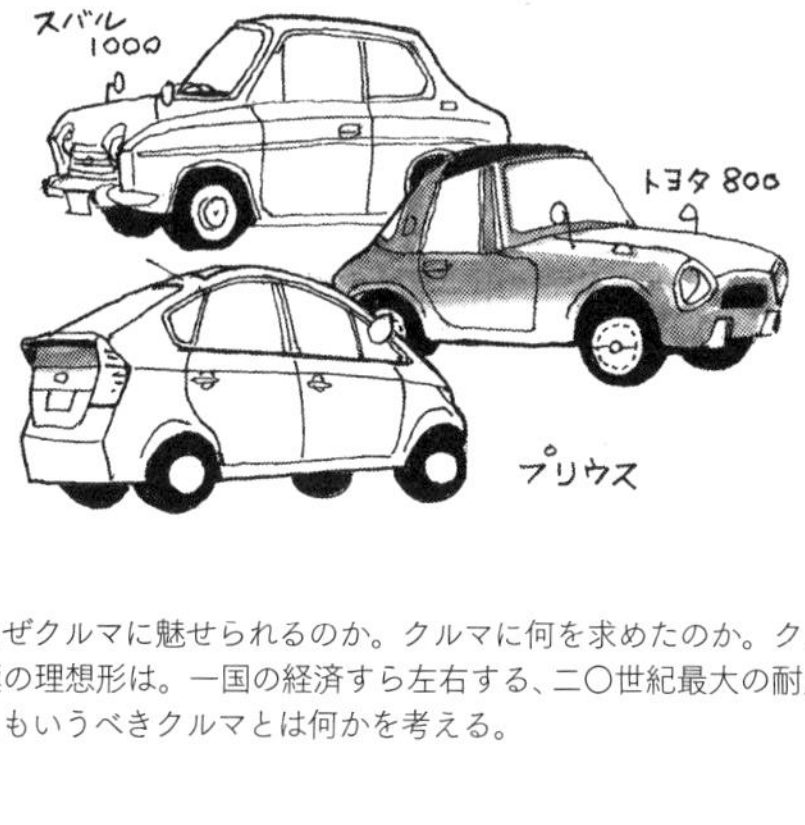

人はなぜクルマに魅せられるのか。クルマに何を求めたのか。クルマの究極の理想形は。一国の経済すら左右する、二〇世紀最大の耐久消費財ともいうべきクルマとは何かを考える。

シトローエン2CVとともに。1986年4月、新宿での撮影。著者はこのだいぶあと、2000年ころに草思社創業者の加瀬昌男より2CVを譲り受け、しばらく所有していた。

名車ブームの陰に隠れた本当の名車

［続・間違いだらけのクルマ選び 1977年刊］

トヨタ2000GTは名車と思えない

最近は一種の名車ブームであるらしいが、私が考える名車は、単に生産台数が少ないからとか、古くなったからそれに値するというものではない。またスタイルが美しかったり、超高性能であったりすることは一つの条件たりえても、名車の条件を満たすすべてではない。私が考える名車は、その時代にあって他のクルマに大きな影響を与えるような進歩的な技術と思想をもってつくられたクルマのことだ。そしてできれば数多くのユーザーに愛されたクルマであるほうがいい。そのうえに信頼性のあることは必要条件だし、高性能であり、スタイルが美しければ、それこそ文句なしに名車といえる。

最近の中古車市場では、単に珍しいからという理由だけで高価な値段が付けられているが、それはコレクターの対象としての価値を示すものでしかない。たとえばトヨタ2000GTはわずか三〇〇台という生産台数、エキサイティングなボディスタイルだということで、中古車市場で四〇〇万円台で取り引きされている。ところが私はそのクルマを名車だとは思っていない。カタログ上の高性能はともかく、ドライバビリティは最低に近いからである。クラッチの重さ、ハンドルの重さ、シフトレバーの固さと、とてもこのクルマでドライブを楽しみたいと思えるようなシロモノではないからだ。いったいドライバビリティの悪いスポーツカーやGTカーにどんな意味があるのだろうか。

ロータリー第一号車のコスモもロータリーエンジンのスタートを切ったということで、名車扱いされているが、その存在価値は認めるものの、名車とは認めがたい。というのも、エンジンのパワーやスムーズさは素晴らしくても、シャシーレイアウトはまだまだ未熟だったし、あの悪趣味なボディスタイルとインテリアデザインにはガマンできないものがあるからだ。

第一にあげたいのはスバル360

それではいったいどんなクルマが名車なのか。戦後から現在までにはかなりの数のクルマを数えあげられる。トヨペットSAはVWビートルに大きな影響を受けているものの、その冒険的なメカニズムは現在のトヨタ車とは比べものにならないほど進んでいた。しかしこれは名車と呼ぶにはあまりにも生産台数が少なすぎた。そこで第一にあげたいのはスバル360だ。

スバル360は昭和三三年［一九五八年］に市場に現れた。全長3000㎜、全幅1300㎜というサイズの中で可能なかぎりスペースユーティリティを追求したモノコックボディ、トーションバーによる独立式サスペンション、わずか360㏄という小さなエンジンで80㎞／h以上のスピードを可能にした高性能等、当時としては日本で唯一世界水準に達していた名車だった。

スバル360より一年遅れて登場した日産のブルーバード310型も名車だ。これは画期的な思想や技術はもっていなかったが、適切なパワーとバランスのいいシャシーで、当時としては秀れたドライバビリティを誇っていた。スバル360が新しい思想と技術で理想を追ったクルマとすれば、ブルーバード310は平凡なメカニズムを用いながらバランスのよさで理想に迫ったクルマだ。

富士重工と日産からは、スバル1000とブルーバード510という名車も生み出された。スバル1000は昭和四一年［一九六六年］にデビューしたクルマで、ときはマイカーブームのはしりのころだった。このクルマ、FWDと水平対向4気筒（重心を下げる利点がある）という斬新なデザインをもっていて、当時のカローラやサニーとは同一レベルで論じられないほど革新的だった。スペースユーティリティと乗り心地は2クラス以上も上のもので、このクルマを下敷きにイタリアの名車アルファ・

スッドができたということを考え合わせれば、その優秀性がよくわかろうというものだ。

ブルーバード510は昭和四二年［一九六七年］のデビューで、1・3ℓ、1・6ℓのOHCエンジンとセミトレーリングアームのリアサスペンションをもっていた。何よりマイカー発展の途上にあってこのように高価なメカニズムをもっていたことに意義があり、ハンドリングや乗り心地等についても第一級の折り紙が付けられるクルマであった。

ホンダS600/800、トヨタS800

スポーティカーには名車が多く、ホンダS600、S800、トヨタS800などがあげられる。ホンダS600／800は、ホンダにとってはじめての四輪車で、DOHC、4キャブでℓ当たり90PS近い高性能エンジンを誇っていた。スポーツカー・ファンを満足させうるクルマだったのだ。

一方トヨタS800は、基本的にはパブリカという大衆車の構成部品を用いながら、徹底した軽量化とバランスのよさでスポーツカーの条件にかなったクルマだ。空冷2気筒、OHV、800ccのエンジンはわずか45PSに過ぎないが、車重が何と580kgという軽さ。空気力学的に秀れたスタイルと合わせて150km／h以上のスピードが得られた。燃費のいい経済車であったこともいうまでもないのだ。私はトヨタだったら2000GTより、このS800を名車にあげたい。

さて、名車として名高いスカGことスカイライン2000GTはどうか。初代の2000GT－B（S54B）は、その高性能のわりに安価なことから爆発的な人気を得たわけだが、より名車に近いのは次に出たGC10型だと思う。フルインディペンデントのサスペンションをもったこのクルマは、初代よりマイルドになったが、バランスのいいスポーティカーとして非常に秀れていた。

以上のほかには、小さなスポーティサルーンではあるが、ドライバビリティのよかったベレットあたりであろうか。そして、現在のクルマの中で名車となる可能性をもっているのが、フェアレディZだ。これはGTカーの量産車として名車候補にリストアップしても間違いではないと思う。それに最近は生産をやめた初代のチェリー［日産との合併以前からプリンス自動車が開発していたFF車。エンジン横置きで、当時の日本車として画期的な設計］ではなかろうか。

ミニハウスとしてのマイカー論

［初出不詳］

クルマの室内。問題は日本車である

クルマの中で〝生活する〟と考えたことはないのだが、どういうワケかクルマのインテリアというものはそのクルマの生まれた国の家々のインテリアを引きずっているものが多いのである。

つまり、クルマにもインテリアなるものがあって、そのインテリアデザインの好みはクルマの重要なファクターとなるのである。

たとえば、イギリスのクルマはもっとも説明しやすいのだが、ジャグァーはやはりイギリスのアッパーミドルをよく表している。そして、本当のアッパークラスのクルマ、ロールス・ロイスはこれは本物であるというワケだ。

ドイツのクルマは室内が広い。現在、メルセデス・ベンツSクラスは世界でもっとも大きな室内を持つ生産型乗用車だと思う。ドイツのクルマは小さなVWゴルフまで室内とトランクルームの広さを実現している。一方、イギリスのクルマはドイツ車ほど室内の大きさにはこだわらない。

ジャグァーはもともとスポーツカー屋がサルーンをつくるようになったのだが、ジャグァーサルーンはスポーティなイメージを実現して少し狭く感じる室内のつくりをやる。これは演出なのだが、このへんにイギリス人の好みが表れている。

アメリカ車はおもしろいことに高級車になるほど室内、とくにダッシュボードはシンプルになる。キャディラックの室内は古典的なデザインだが、シンプルは貫かれている。

問題は日本車である。この国はともかくクラスレス社会をつくり上げた。一億総中流である。

だからクルマもすべて中流向けである。トヨタ車に例を取れば最上級のセルシオ（このクルマはもともとが輸出用でややイメージが違う）、クラウンからより小さいカローラまでそのデザインは同じである。

社会にクラスがないのだから、クルマにクラスがあるワケはなく、みな同じである。違いは大きいか、小さいか、少々材質がよいかというぐらいで根本的な差はない。

私は他人の家をあまり見る機会がないので多くを見たワケではないが、日本人の家というものもクルマによく似たものだと思う。

外観はとにかく似ている。いくつかのパターンがあり、そのパターンがくりかえされているだけ。そして、内へ入ってみると、妙に小さく区切ってある。これはクルマと同じである。たとえば物入れの類いは本来ガバッと大きなスペースがあればいいのだが、日本車は○○用、○○用と区切りたがる、これが日本車なのだと思う。

便利という言葉はよほど魔力を持っているらしい。クルマも家も利便性の追求をおこたらない。

便利なことは重要なのか

しかし、私はいつもこれに疑問を呈している。便利なことこそ本当に重要なのだろうか、たとえば昨今のクルマユーザーはパワーウィンドウを必ず必要とするらしい。左ハンドル車ならともかく、ドライバーが右の窓を開けるのは手でグルグル回してもいいと思う。

家の中にもやれ電話で風呂が沸くとか、そんなものをありがたがる風潮があるが、大切なのは自動的に風呂が沸くことではなくて、広くてのびのびできるバスルームを持つことなのだと思う。ちなみに我が家にはオートマチカリーなものはほとんどない。もちろん風呂も自分で行って見て、確かめて〝ああちょうどいい〟というあんばいである。

チマチマしていて、自動的でというのが日本車、日本家屋の共通なものだとしたら、それはそれでいいのかもしれない。

クルマというものははじめに書いたようにその国の人々の住む家とどこか似たところがあるものだから。

そして、日本は今3ナンバー車が流行《はや》っている。この昨今流行の3ナンバー車は本当に広く使いやすいクルマもあるが、そうじゃなくて、ただ外観が大きくて、立派にみえるだけの場合も少なくない。

これこそわれわれの国の一つのウイークポイントではなかろうか。クルマも家も人が見て立派なんかに見えなくてもいいんだ。

クルマも家も、自分のスタイル、いわば人生観を表現できるもの、そこが重要だと思う。自我のクルマ選び、家選びはいつからはじまるだろう。他我ではスタイルは生まれない。

シトローエンに自動車の夢が見える

［ダンディー・トークⅡ 1992年刊］

フランス車はわかりにくい

私はフランス車にほとんど縁がない。けっして嫌いなのではないが、なぜか過去のクルマ遍歴をたどってみても、不思議とフランス車には乗っていない。

これにははっきりした理由が見あたらないので、自分でも奇妙な気がするのである。シトローエンのＤＳは本当に欲しかったし、ＳＭは買う寸前までいった。それでも、結局それらを所有するまでにいたらなかったということは、やはり、そこになんらかの私の好みが反映しているのだろう。

一ついえることは、フランス車には〝へん〟なクルマが多かったのだ。

この〝へん〟さが、とてもおもしろく思える反面、そいつを自分のアイデンティティなりキャラクターを託すアイテムとして使えるか……となると、ちょっと違うかな、と思えてしまったのかもしれない。

へん……というのは、もちろん「悪い」という意味ではない。「個性的」という意味である。しかしその「個性的」という意味は、「わかりにくい」という言葉のほうに近い。

最近のフランス車は、とくにプジョーが日本人にはなじみの深いドイツ車流のクルマづくりをするようになってからは、かなり〝わかりやすい〟クルマになってきている。しかし、かつてのフランス車は、一般の人にとっては、かなりわかりにくいクルマだったと思う。

その〝わかりにくい〟フランス車の筆頭がシトローエンだったといっていい。

このクルマがどのくらい〝わかりにくい〟か。

今、ここに一台のシトローエンDSがあったとして、それをエンジンの始動から走りだすまでの手順を紹介してみよう。

シートに腰掛ける。

エンジン・キーを差し込む。

そしてスタータースイッチを探す……が、見あたらない。

まず最初に、たいていの人はここでつまずく。スタータースイッチはギア・セレクターレバーなのだから。スティアリング・ホイール裏に立った細いセレクターをニュートラル位置から左へ倒すとスターターになるのである。

それを作動させるとエンジンがかかる。

が、それがまた、セレクターを触っているかぎりクラッチが切れているという電磁クラッチで、慣れるまでやたら運転が面倒くさい。

次に戸惑うのがブレーキである。

減速するためにブレーキを探す……が、これまた、普通のブレーキペダルの位置にはない。それより少し手前にある。

ま、それは慣れの範囲として、何とも妙なのが形状である。吊り下げ式ペダルではなく、〝ボール〟なのだ。

テニスボールを半分に切ったくらいの、半球形のラバーボタンが床から飛び出していて、それをペタペタと踏むのである。

形状も〝へん〟ならば、操作性も過敏すぎて扱いづらいという、実に個性的なブレーキなのだ。

それだけでも、シトローエンDSというクルマが、いかに不思議なコントロールを要求するクルマであるかおわかりいただけるだろう。

異次元感覚の「パワー・セントラル・スティアリング」

これが後のSMあたりになると、さらに、操舵感覚まで摩訶不思議な味わいを持つことになる。

SMというクルマは、マセラッティのV6エンジンを使い、FFにおける時速200㎞クルージングを目指した当時としては画期的なクルマなのだが、このステアリングがまた奇妙。

パワー・セントラル・スティアリング［DIRAVI、セルフセンタリングとも呼ばれる］といわれるこの独特のパワー・スティアリングに何の予備知識もなしに乗ったドライバーは、まず極度にクイック、かつ速度によって極端に変わる操舵性に青ざめるに違いない。しかも、少しでも手をゆるめると、すぐにスルスルもとに戻ろうとするのである。低速でも予想以上に唐突に直進位置に戻ってしまうため、ドライバーはかえってまっすぐに走れないことになる。

このパワー・セントラル・スティアリングに関しては、その後、さすがのシトローエン側も少し考えたのか、最近のXMではかなりゆるめる方向にきている。しかし、私が最初に体験したSMは、まあ、大げさにいえば異次元のスティアリング感覚だった。

私は、かつてこのSMを東京から大阪まで走らせたことがあったが、ヘナヘナと落ちつかないスティアリングをまっすぐに走らせるようになるまで、かなりの時間を費やした記憶がある。もちろん、これも慣れの範囲の問題だが、このスティアリングだけには、メーカーの意図が何であったのか最後まで実感的に理解することができなかった。

もちろんクルマというのは、こうあらねばならないという方程式があるわけではない。速く安全に目的地にたどり着くという大目的にそえば、どんな形状、システムでも許されるはずである。

とはいってもクルマが誕生してから現在に至るまでの開発史というのは、生産的にも使用する立場に立っても、もっとも効率的だという方式だけが生き残ってきた歴史でもある。それをわれわれは「進化」の過程として認識してきたわけである。

しかしシトローエンを見ているかぎり、クルマというのは、あるいはこういう成り立ち方もあったのかという、一種別の進化の系を発見したような驚きを感じないわけにはいかなくなってくる。単に「独創」「異端」「革命的」などといった形容におさまりきれない、進化の系そのものが根本的に異なる別種の生物に接したような不思議さがあるのである。

とくに象徴的なのはそのスタイルだ。見ただけで「普通のクルマとは違う!」というアクの強さがある。たとえばDSの、〝サメ〟のようなといおうか、〝深海魚〟のようなといおうか、哺乳類と異なる生き物を彷彿とさせるスタイルは、それだけで、異星の高等生物でも見るような思いに駆られる。

事実、このDSは、まさに生き物のようなクルマだった。サスペンションやブレーキのみならず、クラッチからギアシフトまで、すべて生物の体内に血管を走らせるがごとく同一の油圧系で制御されているのである。

そのオイルラインの取り回したるや毛細血管のごとく複雑怪奇で、イギリスの小説家ギャビン・ライアルをして、「人間より多くの管が走っている。だからいったん出血しはじめたらお手上げだ」（『深夜プラス1』）といわしめたほど神経質なものだった。事実、その細いオイル・パイプが一本切れただけで、サスペンションからブレーキ、スティアリングに至るまで機能を停止してしまうのである。

しかし、その複雑な油圧回路に組み込まれたハイドロニューマチック・サスペンションは、それ以前のどんなクルマにも勝る高度な機能と乗り心地を実現した。

このハイドロニューマチック・サスペンションというのは、文字どおりに訳すと〝水と空気のサスペンション〟ということになるが、実際にシトローエンによって開発されたのはオイルと窒素ガスによるサスペンションだった。そのメリットは、自動車高調整装置と連動することにより、荷重に関係なく車高を一定に保つというところにある。後ろが重くなって前が浮き上がり、前輪のトラクションに影響が出そうになったときなどに効果が絶大なのだ。こういう精緻な技術が今から四〇年近くも前に開発されたのだから驚くほかはない。

異端たるフランス車が主流となる歴史もありえた

ま、とにかくこのシトローエンDSというクルマは、何から何まで革新的な新機構、新技術に支えられた異端的なまでにアヴァンギャルドなクルマだったのである。

そこが、同じヨーロッパ車のドイツ車などに比べて、シトローエンが〝わかりにくい〟と敬遠される理由の一つでもあったのだろう。

しかし、もしかしたら、シトローエンのようなフランス車が世界の主導的な自動車として君臨し、逆にドイツ車のようなクルマが傍系になっていた可能性だってあったのだ。自動車の創世期においては、フランス車が世界のトップに立っていた時期があったからである。

自動車の開発史をひもとくと、自動車という乗り物を発明したのはドイツ人だったが、それを完成させたのはフランス人だったことがわかる。

ガソリンエンジンで動く乗り物を発明したのは、確かにドイツ人のゴットリープ・ダイムラーとカール・ベンツだったが、彼らのつくったものは内燃機関で動く「馬車」だった。それを「自動車」にしたのがフランス人だったのだ。

たとえば、車体前部にエンジンを置き、摩擦式クラッチを足で操作して、スライディング・ピニオンを持つ変速機を介して動力を後輪に伝える駆動システム、すなわち

FR方式を最初に開発したのは、フランスのパナール・エ・ルバッソール社だった。それが今の自動車の原型になったことはいうまでもない。

そのほか、自動車の黎明期に果たしたフランスのドディオン・ブートン、プジョーの功績は計り知れないものがあった。DOHCエンジンを最初に実用化したのもプジョー社である。

タイヤだってしかり。世界で最初に空気入りの自動車タイヤを開発したのは、フランス人のミシュラン兄弟だった。

ドイツ人が生活に役立つ便利な乗り物として発明した自動車は、フランス人にとっては人類最高の〝玩具〟に思えたのだろう。クルマのおもしろさを発見したフランス人は、熱に浮かされたように、次から次へとさまざまなアイディアを開発し、それをどんどん実用化させていった。

世界でもっとも古い自動車ショーの一つであるパリ・サロンは、世界でもっとも進んだ自動車の展覧会ともなり、そこには、技術、生産とも世界一の自動車王国となったフランスを象徴するように、各界の着飾った紳士淑女が集合した。パリ・サロンという名称は、それが自動車ショーの会場であるとともに、世界一の社交界でもあったからである。

そのまま進んでいけば、世の中はフランス車の天下だったろう。

クルマを芸術品にしてしまったフランス人

が、何ごとも熱狂しやすいが、集中力も持続しにくいというのがフランス人の特徴だ。フランス人は、発明、開発に対して鋭い先見性を持ち、素晴らしいスタートをするが、すぐにその成果を人間の楽しみや遊びのほうに回してしまう癖がある。ラテン人の体質か、快楽追求型民族の本性が現れてしまうのだろう。そこが、コツコツと技術的成果をまじめに積み重ねていくゲルマン民族との違いである。

フランス人の独創に富んだアイディアを体現した自動車は、やがて工業製品を離れて、享楽的で華やかな喧噪に満ちたパリの街角を飾る〝美術品〟へと変身していく。フィゴーニ、ソーチック、アンリ・シャプロン。そういったカロッセリエたちが、妖しくデカダンな雰囲気に満ちた華麗なカスタムボディのクルマをつくった時代がそれに当たる。

そうなると、フランスは〝芸術の国〟だ。

上流階級が優雅な生活を楽しむ道具として利用しはじめた自動車は、たちまちのうちにパリのオペラ座の前で、あるいはブローニュの森の中で、なまめかしい曲面を波打たせ、厚いクロームを輝かせながら美を競いあうことになる。

ドライエ、タルボ、ドラージュ、オッチキス、ブガッティ……。快楽の権化のような、セクシーなクルマが次々と登場する。

そのころのフランス車を象徴するのが、フランボワイアンと呼ばれる炎が燃え盛るようなラインを持つ独特のシルエットである。カロッセリエの中でも、とくにフィゴーニ、ソーチック、アンリ・シャプロンなどが手がけたもので、華麗にして妖艶。実にフランスらしいエロティックなムードをかもしだすデザイン様式だった。その炎のフォルムは、まさにフランス車の絶頂期を祝う祭典にふさわしい、輝ける〝聖火〟でもあった。

この時期のフランス車は、ある意味で、自動車文明の進化の極をきわめたともいえるかもしれない。それは確かに、効率とか、生産性といった近代的自動車の条件を満たした進化ではなかったが、美しさ、装飾性、快楽性といった面では、まぎれもなく一つの頂点に立ったからである。

それは、世界のどんな自動車からも影響を受けていないという意味で独創的であり、また、世界のどんな自動車へも影響を与えていないという意味で、独立した自動車文明だった。まさに美の国の、芸術の都だけでしか呼吸のできない生物たちだった。

しかし、第二次世界大戦による荒廃と、戦後の合理主義的な思想の台頭は、そういう耽美主義的なフランス車の存在を許さなかった。一九五〇年代の半ばには、それらの美術品的高級車は、税制の改正で一気に全滅してしまう。それ以降、フランスでこの手のクルマが息を吹き返すことは二度となかった。

その後のフランス車の歴史は、実用一点張りのサルーンが、サイズを大きくしたり小さくしたりのくりかえしだけとなる。

いま一度独自進化を歩んだフランス車

が、その中で、進化の極をきわめたフランス車の伝統を継承したのがシトローエンだったと思う。耽美のかぎりを尽くすという進化ではなかったが、そこにはまぎれもなく、世界のどのクルマからも影響を受けず、また世界のどのクルマからも遠く離れた独自の進化の系をきわめたという意味で、フランス的な進化をとげたクルマの姿があったからである。

シトローエンというクルマの本質は何だったのか。

それを究明するには、その創業者のアンドレ・シトローエンの実績を振り返る必要があるかもしれない。

伝記によると、アンドレ・シトローエンは一八七八年、オランダ人の宝石職人とユダヤ系ポーランド人の母のあいだに生まれたことになっている。おそらく、かなりユダヤ系の文化が濃厚にあふれる家庭環境に育ったのだろう。彼の発想法を見ると、どこかヨーロッパの伝統的な思考様式を離れて、より自由な発想を重んじる傾向が強いように思える。

ユダヤ人は、祖国を離れて流浪する身であったから、まず世界のどこに行っても通用するものとして、「金」と「発想の独自性」を大切にする傾向がある。ユダヤ人に経済人と学者が多いのはそのためだ。

彼もまた、経営感覚の冴えを見せて、二七歳にして青年実業家となる。きっかけは、ポーランドのユダヤ人街にある町工場に、母方の親戚に案内されて見学に行ったときに見た〝奇妙な歯車〟だったという。

そのとき彼が見た歯車というのは、歯が山形になったダブルヘリカルギアで、伝達のスムーズさ、静かさで、今までの歯車より抜きんでた性能を示していた。その優秀性を見抜いたアンドレ・シトローエンは、すぐさま製造権を獲得して、パリでそれを製造し、企業家としての第一歩を踏み出すことになる。

第一次世界大戦がはじまると、彼は砲弾づくりに着手する。セーヌ河畔に造られた工場からは、一日五万発という驚異的な量の砲弾が製造されたという。

この大量生産を成功させた秘密は、ヘンリー・フォードが実現したベルトコンベアによる流れ作業方式だったというから、このときから彼と自動車を結ぶ絆が生まれていたのかもしれない。

戦争が終わるのを待って、シトローエンは自動車の生産を開始する決意を固める。

彼が意図したのは単一車種の大量生産による品質の安定と、価格の引き下げだった。

このとき注目しなければならないのは、彼が自分の育ったヨーロッパから目を離し、アメリカを注視していたことだ。彼が敬愛したのはアメリカ人のヘンリー・フォードであり、彼が研究したのはアメリカのモータリゼーションだった。当時、アメリカこそは、ヨーロッパの因習的な思考や常識にとらわれない、斬新な発想が正当に評価される唯一の国だった。そこでは自動車においても、画期的な開発技術と生産技術が次々と実現されていたのである。

彼は、まずヘンリー・フォードに会い、その工場をつぶさに見学し、そこで展開されていた最新の流れ作業による量産システムをすべて自分の工場に採用することにする。

またクライスラーからライセンスを得て、シンクロメッシュ・ギアボックスをはじめとするさまざまな新機構を導入する。

こうして近代化された彼の工場から、一〇〇年の自動車史の中でも飛び抜けたエポックを形成する〝トラクシオン・アヴァン〟7CV［1934年に発表された世界初のモノコック＋FFの先進的な乗用車］が生まれていったわけだ。

シトローエンが貫いた理想主義

それらのことからもわかるとおり、シトローエンは、技術と経営のどちらにも先見の明を持つなかなかの手腕家だったようである。エッフェル塔に、「CITROËN」というイルミネーション広告を飾ることを思いついたりするところなど、宣伝センスの冴えも感じられる（私の記憶に間違いなければ、このイルミネーション広告は、初の大西洋横断飛行を成功させたリンドバーグも、パリにたどり着いたとき見ているはずだ）。

シトローエンは、とにかく営業センスに満ちあふれた男だったが、単に〝やり手の経営者〟という枠にはおさまりきれない人間だった。彼が生み出した自動車は、彼をこぢんまりとした成功で満足させるには、あまりにも大きな可能性を秘めすぎていた。

自動車は、いったい、人間の生活をどれだけ広げてくれるのだろうか？

自動車によって、いったい、人間はどんな新しい空間を獲得できるのだろうか？

事業を半ば成功させたころの、彼の脳裏を去来した思いは、おそらくその手の、自動車の可能性に対する大いなる期待だったのだろう。

彼の、シトローエン製ハーフトラックによるアフリカ大陸横断（一九二四～一九二五年）、中央アジア横断（一九三一～一九三二年）といった冒険旅行は、まさに彼の、自動車のポテンシャルを見極めようという、経営者の立場を離れた壮大な試みだったといえるだろう。

このアフリカ大陸横断は〝黒の巡洋艦隊〟、中央アジア横断は〝黄色い巡洋艦隊〟

と呼ばれ、シトローエンというクルマの伝説を語る場合のキーワードとなっている。

このとき、多数の学術調査隊も同行して蝶や鳥の自然研究をおこない、それがいまだに学会にオーソライズされているほどの成果を上げたというから、シトローエンの企画した冒険ドライブの性格が何だったのかわかる。それは自動車の可能性を探り、それをパブリシティするだけでなく、もっと根本的な、未知の世界を探索して人々の見識を広めようという、人類の壮大な理想への挑戦だったのだろう。

こういう理想主義が、終生シトローエンを支配したせいか、最後には彼の事業も経営難に陥ってしまう。アンドレ・シトローエンの浪費癖が高じてきたせいもあったが、直接的な理由はトラクシオン・アヴァンの開発に膨大な経費がかかりすぎたためであった。

頼みの政府からの融資が断たれたあと、一九三五年、シトローエンは失意のうちに病を得て亡くなる。五七歳だったという。事業においては、先を予見した鋭い企画を次々と打ち出す半面、私生活では賭博と遊蕩に浸る奔放な日々に明け暮れたとも伝えられている。

この放蕩に関しては、かんばしからぬ評判も残っているが、その放蕩があったればこそ、また彼の伝説も生彩を放つことになったわけだ。ともかくカッコいい生涯を送った男の一人である。

その後のシトローエンは、DS19に至るまで、大なり小なり、このアンドレ・シトローエンの理想主義を体現するようなクルマづくりを貫いたと思う。それは、エンジニアとしての理想を忠実に生かした設計を優先させることであり、市場や経営サイドの声に左右されない、純粋に技術的可能性のみを追求したクルマづくりだった。

「クルマとは何か」と問いかけるクルマ、2CV

そういった意味で、その独創的な技術もスタイルも、彼らエンジニアたちの純粋なチャレンジ精神のたまものなのだ。彼らが目指す究極のクルマは「シトローエン」というかたちを取るしかなかったのであり、それに合わせることのできないドライバーは、最初からシトローエンとは無縁な人として切られることになったのである。

そのもっとも顕著な例がシトローエンの2CVで、こいつは、もう「これが好き」という以外の人を許さない峻厳さを持っている。一言でいえば不便なクルマである。しかしそれは、より楽をしたい、便利なアクセサリーが欲しいという、人間のあくことなき欲望を無際限に認めていくならば〝不便〟という意味で、逆にクルマはこんなもんだと割り切るのなら、すべてがそろっているクルマである。

つまり人によって、その評価が天と地ほどに分かれるクルマなのだ。これに接する人は、すべて「クルマとは何か?」を問い直さなければならないという意味で、恐ろしく哲学的なクルマなのである。エミッションも何もやっていないにもかかわらず、おそらく世界中で一番エコロジカルなクルマでもある。

それでいて感心するのは、この2CVにはしっかりしたデザインポリシーが貫かれていることである。ドアの切り方にはじまるサイドウィンドウのデザインは、まぎれもなくフランスの伝統的なデザイン様式であるアールヌーボーをモチーフとしている。しかもそれが地についている。付け焼き刃ではない本物の美学が息づいているのである。そのデザインだけでも、このクルマに乗る価値ありと思わせる力強さがある。600cc、29馬力を少しも恥じることなく乗れるのである。

そういうクルマを頑としてつくり続けてきたシトローエンというメーカーは、やはり並みのメーカーではない。「私たちのクルマづくりに共感いただいた方以外は乗ってくださらなくてもけっこうです」という強い信念がなければ、こういうクルマはつくれたものじゃない。

日本のシトローエン党は面白い

もっとも考えてみれば、高級車、あるいは高級なスポーツカーといったものは、大なり小なり、乗り手のほうがクルマに合わせなければならない傾向にあるともいえる。ロールス／ベントリィだって、それをつくっている連中の価値観に合わせるから乗っていられるのであって、もしメルツェデスの価値を信奉すればたちどころにボロクルマに見えてしまうようなところがある。

それがクルマの「世界」というものなのだろう。

クルマにおける「世界」というのは、排他的なまでに独自性を主張する設計者の意志のことである。シトローエンは、その「世界」が少し極端なだけなのである。

そういったところが、シトローエンのわかりにくいという〝伝説〟を生んだ背景にもなっているのかもしれない。

もっとも、わかりにくいといっても、それはあくまでも日本的なクルマ観に立てば……ということであって、シトローエン側に立てば、これぞまさにフランス流の哲学とセンスに満ち満ちた〝エスプリの塊〟となる。

かくして日本では、日本的な伝統、風土、文化というものに飽きたらない人たちのあいだに、熱烈なシトローエン党を生み出すことになったわけである。

このシトローエン党といわれる人たちこそ、私がもっとも興味を抱き、かつ愛し、しかしながら、少しからかってみたくなるような、ちょっと敬して遠ざかりたいような……何とも不思議な気持ちにさせる人たちなのである。

というのは、この人たちは例外なく（といい切るほど多くは知らないけれど）、哲学が好きだったのである。いわゆるフランス哲学。ちょっと前なら実存主義、その後なら構造主義。やたら××主義といわれる哲学と同時に、シトローエンが好きな人が多かったのだ。

こいつがノーテンキな私には、実は、ちょっとむずかしくて困ってしまう部分だったのである。

フランス車自体はけっこうノーテンキなクルマで、それを愛するフランス人もラテン人特有のノーテンキさがあるのだが、こと、日本のフランス車党というのは、昔はノーテンキと相容れないシリアスな哲学性を帯びていたわけだ。

とくにシトローエンのファナティックな愛好家となると、そのクルマの独自性にも支えられてか、哲学的な議論もいっそう熱を帯びる傾向が強かった。

これに関しては、大のフランス車ファンである元「NAVI」編集長の大川悠君も認めるところで、あの議論にかけては千軍万馬のツワモノである彼をしても、「シトローエン党と議論すると疲れてしようがない」とこぼさせるほどなのである。

フランス人が日本車を評価した結果……

これらシトローエン党を含めた日本のフランス車マニアに共通していえることは、何かというと「エスプリ」という言葉を持ち出すことだろう。「フランス車はエスプリが効いているから……」などというのが、彼らの得意ないい回しなのだ。〝小粋〟

という意味あいで使っているらしい。

これが私には、好ましくも、おかしくてしようがない部分なのである。なぜかというと、彼らの「エスプリ」というのは、よく聞いてみると、〝若干のやせ我慢を強いられること〟に過ぎないからだ。「質素で不便だが、そこに価値がある」というのがエスプリの真髄らしいのである。

私は、そういう彼らにほほえましさを感じるのだが、そういう私の態度は、彼らにしてみれば不謹慎このうえないことなのかもしれない。

もっとも、「そういうお前のイギリス車好みだって同じじゃないか」といわれてしまえば、私には返す言葉もなくなるのだが。

最近のフランス車は、このエスプリ好きな日本人たちをがっかりさせるようなクルマが増えてきている。安くて高性能、信頼性も高い……けど、何の個性もないという、はっきりいって日本の小型車のようなクルマが多くなってきている。

ルノーのルーテシアなどというクルマは、目をつぶって運転すれば、まったくダメな日本車と変わらない。そこでフランス車党の日本人が、エスプリのなくなったフランス車は何が残るんだ！　といきまくわけである。

おもしろいものである。

本場のフランス人が日本車を評価して、それに近いクルマをつくりはじめると、逆に日本人のフランス車ファンは離れていく。
どこの国の民族も、しょせん、自国にないものにしかエキゾチシズムを感じることができないということなのだろう。

プリウスの発売は〝環境時代〟の幕開けを感じさせた

最初に売ったことがすごいのだ

トヨタのハイブリッドカー、プリウスの発売は、それをきっかけに日本の自動車産業全体がエコ時代に突入する可能性を切り開いた。エコロジーは実はそう簡単なことじゃないのだが、このプリウスを見ていると、少なくとも多くの日本人がエコロジーに関心を持ちはじめたのだなあと実感する。

自動車のエコ問題は乗用車だけではない。トラック、バスといった商業車も同じである。一部の公共交通機関には、高価だが、すでにハイブリッドバスを使っているところがある。ハイブリッドバスあるいはバッテリーバスは、これから公共交通機関にどんどん入ってくるだろう。トラックのあの騒音、排気については、トラックメーカーの自覚が大切だ。トラックメーカーは「われわれはお国のためにやっている」という意識を変えなくてはなるまい。いかなトラックメーカーとて、国民の健康や意識を考えたクルマづくりをしなければ、これから商業車は存在できなくなってしまう。

こうした大勢の中、プリウスの果たす役割は大きい。プリウスのすごいところは、それを売ったことである。モーターショーにコンセプトカーを一台置くだけなら誰でもできる。それを売るというのは天と地ほどに違う。売ればメーカーに責任が生じる。それを引き受けていかなくてはならない。だが、同時にそれは大いなる走行実験にもなる。クルマというものはユーザーを実験要員として発達してきた。プリウスは月に一〇〇〇台。この一〇〇〇台が一カ月500km走れば50万kmだ。このユーザーによる実験が、自動車界にとって大きな財産となるのである。

ユーザーは燃費を自慢するようになるだろう

エコ時代は燃費の向上が大テーマだ。それはCO_2低減の礎《いしずえ》だからである。当然、メーカー各社が燃費競争に向かう可能性がある。これからはツウィンターボ、〇〇馬力などというのは、ただの遅れたクルマでしかなく、何の魅力もない。21世紀のスポーツカーは、燃費のよい高性能車となろう。一般の乗用車がターボで走るというのは何の自慢にもならない。

いいクルマとは、いいハンドリング、いいブレーキなどを備え、かつ燃費がいいクルマを指す時代が来る。そのため、エンジンの燃焼、オートマチックトランスミッションの研究はこれまで以上に盛んになるだろう。自動車好きの自慢も燃費になる。「俺のクルマは○○km/ℓだぜ」というように。これこそまさしく〝プリウス効果〟なのだ。これはパワー、モアパワーといっていた日本の自動車界にとって、歴史的な変化であるといっていい。

ドイツには「私の趣味は環境だ」といい切る人がいるという。ちょっと行きすぎの感もなくはないが、確かに環境はむずかしい。環境に近道はない。小さなこと、地味なことをずっと続けてゆく、気の遠くなるような努力が必要なのだ。少なくとも現在は、最新の科学技術をもってしても一気の解決策はない。だからこそ「趣味」とする人も出てくるのだろうが、これはとにかく、将来の人類を含めた全人類、地球上の全生物の問題なのだ。

私はとにかく ミニヴァンは大嫌いだ！

［2000年版 間違いだらけのクルマ選び］

たいてい一人か二人で乗っているのに……

もう日本はミニヴァンだらけ、いったいどうしてこうも多いんだろう。六人乗り、七人乗りというのがミニヴァンのコンセプトだが、そのじつミニヴァンはたいてい一人か二人で乗っている。

日本人はどうしてこうも頭が悪いんだろうかと思う。万が一たくさんの人を乗せるときのことを考えるならミニバスを買ったほうがいい。私はとにかくミニヴァンはイヤだ。大勢でクルマに乗るならバスか汽車で行っても同じことだ。

クルマというものは本来パーソナルなものだからいいのだ。せめて家族だけで行きたい。これが二家族になるともういけない。私はこんなとき、オードリー・ヘップバーンとアルバート・フィニーの映画『いつも2人で』［夫婦二人の仲直りのロードムービー］を思い出してしまう。

確かにミニヴァンは六、七人乗るときは便利だとは思う。しかし、これが一人か二人になると図体は大きいし、ガソリンは食うし、運転の楽しみはないしで、どれもクルマとはいえなくなる。要するに私はミニヴァンが嫌いなのだ。クルマ好きが、何が悲しくてあんなクルマに乗らなくてはいけないのかと思ってしまう。

ミニヴァンはその構造上、車体が重く、重心が高い。それはクルマの基本的な動きをスポイルする。しかも最近はエンジンの大きなミニヴァンが多くなった。加速はいい、スピードが出る。しかし、止まるときはどうする。急にきついカーブが迫ってきた。さあ、どうする。崖から落ちるか、対向車にぶつかるしかない。こういうクルマを、便利だからといって、普段、不具合をしのんで乗る人の気持ちがわからない。ミニヴァンは基本構造上、急ハンドル、急ブレーキには適していないのだ。自動車づくりのシステムが変わって、フロアパネルを重視するようになった。これが多くのミニヴァンを生むきっかけとなった。FFの乗用車の上にあのデカくて重いミニヴァンボディが載る。重心が高いから安定して走れない、前が重いからコーナリングはスムーズではない。

例外はある。トヨタ・エスティマ、このクルマはミドシップなのでハンドリングがいい［初代エスティマは床下、後輪の前にエンジンを置くミドシップ］。しかし、このクルマも近々モデルチェンジしてFFになってしまうらしい。

もう一度いうが、もしミニヴァンしか選択肢がないとしたら、私は喜んでクルマを捨てる。ミニヴァンに乗るなら電車のほうが快適だから。何を好んでわざわざバスの運転手になるのだろう。バスは運転手にまかせて風景を楽しむにかぎる。

便利ということは、そのことで失うものも多いということなのだ。

ミニヴァンに乗るならばなるべく多くの人、定員に近い人を乗せれば整合性があるが、一人か二人で乗る人は資源を無駄遣いし、CO_2をまき散らすだけのバカなヤツと思って、私は軽蔑のまなざしで見ている。

［2002年夏版 間違いだらけのクルマ選び］

クルマの究極の理想は『ナウシカ』のメーヴェだ

クルマは小さく軽いほどスポーティになる

自動車の究極の理想、そいつはいろいろあるが、社会的な面からいえば世界中の人がもれなく一人ひとりクルマを持つということだろう。環境・資源問題の厳しい現在のご時世からすれば、とんでもない話かもしれないが、自動車ジジイの果てしない夢として、ここは一つご勘弁を願う。本来、自動車を発展させてきたのは、何あろう人々の夢なのだから——では、もし、そうなったら、本来のクルマというのはいったいどんな形態になるか。私は宮崎駿《はやお》氏の長編アニメーション『風の谷のナウシカ』に出てくる「メーヴェ」みたいなものになるんじゃなかろうかと思っている。

小さなジェットエンジン（?）を一基載せた一人乗りの小さなグライダーで、風をついて自由自在に空中を飛翔するアレである。むろん、現在の技術ではメーヴェは想像の域を出ない。それを実現するには、ホンダのいうGコントロールなんて言葉の遊びではなく、本当に重力をコントロールするような、画期的技術が必要だろうし、安全をどう解決するのかという問題もタイヘンだ。それでも私がメーヴェに心ひかれるのは、そこに自動車の「どこでも好きなところへ自由自在、勝手気ままに行ける」という夢が凝縮されているからにほかならない。

私はメーヴェを見ていると、かつて戦後の西ドイツでつくられたメッサーシュミットや、日本のフライングフェザー、あるいはフジ・キャビンといったライトカーを思い出す。メッサーシュミットは空冷単気筒2ストロークエンジンをリアに載せた、前2輪、後1輪の三輪車だ。乗員は前後二人乗り、プラスチック・ルーフのキャビンはまったく戦闘機。その名のとおり飛行機そのものであった。メッサーシュミットには493ccの2気筒エンジンを載せる四輪バージョンもあり、こいつは何と130km／hを可能としたという。安全への配慮なんてものはかけらもなく、板子《いたこ》一枚下ならぬ板子一枚外は地獄というクルマである。はたまた350cc・4ストロークエンジンのフライングフェザーなど、せいぜい出せて60㎞／hがいいところだったろう。今の交通にはまったくついていけないだろうし、こんなものがヨタヨタ走ると、むしろまわりのクルマのほうが危険である。

こうしたライトカーは現代の常識からいったら、とうてい自動車とはいえないようなシロモノではある。しかし、私はこれらのクルマを見ていると、何てスポーティなんだと思えてくるのだ。こいつはホントに陸上を走る飛行機じゃないか。これらのライトカーは、エンジンは小さなオートバイのものを流用し、車輪だって三つにして安くつくろうとした。当然、性能はみじめなものであった。乗員もせいぜい二人、雨露がしのげて走れるだけで十分というもの。それでもこれらのライトカーが今みると不思議に魅力的なのは、何といっても極力小さく、軽くつくられているからにほかならない。クルマというものは小さく軽くなればなるほど、スポーティになるのだ。

ま、そうはいっても実のところは、モーガンもメッサーシュミットもフライングフェザーもしょせんは人々が貧しかった時代の「代用車」だったに過ぎない。ホンモノのクルマが目の玉の飛び出るほど高価で、一部のお金持ちだけの独占物だった当時、それでもクルマに乗りたかったお金のない人たちに向けてつくられた代用品だ。第二次世界大戦の敗戦国であった西ドイツやイタリアには、この種のライトカーが雨後のタケノコのように出現した。とくに西ドイツの人々は、ＢＭＷイセッタ（イタリアのイソ社がつくったクルマで、ＢＭＷがライセンス生産した）やメッサーシュミットでガマンしながら、せっせとＶＷビートルを生産、輸出して社会復興のための貴重な外貨を稼いだのであった。

クルマとは、そもそもバカバカしいものではなかったか

［2001年下期版 間違いだらけのクルマ選び］

クルマの歴史は勝者だけのものではない

一九九九年一二月、新しいミレニアムを迎えようと盛り上がるラスベガスで、「カー・オブ・ザ・センチュリー」が発表された。このカー・オブ・ザ・センチュリーというのは、世界各国のモータージャーナリスト約１３０名から投票を募り、二〇世紀を代表するクルマを選ぶという趣旨のもの。私自身は思うところあって投票を辞退させてもらったのだが、カー・オブ・ザ・センチュリーは世紀末のイベントということもあり非常に注目を集めた。

その上位五台が、昨年［二〇〇〇年］一二月から今年の一月にかけて、愛知県の長久手にあるトヨタ博物館に展示されたので、その名車たちの現物が居並ぶさまをご覧になった方も多いと思う。トヨタ博物館は自社以外のクルマを大量に収集保存している。私はここに来るたびに感心する。

特別展示室に並べられたのは一位に輝いたフォードのT型、二位のミニ、三位のVWビートル、四位のシトローエンDS、そして五位のポルシェ911の五台である。どれも懐かしい、そして自動車史上、文句なしに重要なクルマだ。

この結果はほぼ予想したとおりであった。ことによったら911はちょっと違うかなとも思うが、全体的にはまあ順当なところだ。クルマというのは二〇世紀最大の大衆商品だから、大量生産の勝者がランキング上位を占めるのは当然であろう。

しかし、いつもみんなが右といえば左といいたくなるへそ曲がりの私は、この五台を眺めているうち、しだいに「クルマというものはそんなに理性的、合理的なものばかりなのかなあ」と思えてきた。クルマは誕生してこの方、きわめて感情的、非合理的な部分を抱えてきた。そうであるからこそ二〇世紀の人々を熱中させたのだ。

それなのに、この五台、シトローエンDSを除けば、生産とビジネスにおける合理性の勝利者ばかりではないか（考え方によってはDSもそうかもしれない）。クルマってそんなにお利口さんではないぞ。もっとバカバカしいものだぞ。

クルマの歴史は勝者だけのものではない。この五台の陰には無数の挫折したクルマたちがいる。二〇世紀のクルマを振り返ると、そこには無数のアイディアや理想が泡《ほう》沫《まつ》のように現れ、消えていった。それらはいたってバカげていたり、とてつもなく凶暴だったり、恐ろしくセクシーだったり、ときには情けないかぎりでもあった。

しかし、それらのクルマには今から見るといかにも珍妙ながら、不思議にひかれるものがある。

成功したクルマばかり追っていると、見えなくなってしまうものがありはしないか。そして、そうした視線が今のクルマをつまらなくしているのではないか。

別に老人の回顧趣味というわけではない。よくカー雑誌でいわれる「エンスー」なんてものではなおさらない。ただ、私はそこに今のクルマが失ってしまった、クルマに賭けた人々の理想、情念、ときには狂気をすら感じる。そしてそれをなにより大事に思うのだ。

原点に戻って、二〇世紀に生まれ、試みられ、消えていったもの、残っていくものを検証してみよう。私の記憶に残る二〇世紀に生まれたバカなクルマ、過剰なクルマ、情けないクルマをもう一度、思い出してみよう。現代のクルマ選びを考えるさい、消えていった過去のクルマを検証することでなんらかの指針を得られるはずだ。

売るだけですごいが、クルマの出来にも驚いた！

このミライが著者の最後の試乗となった

史上初の市販燃料電池車ミライ

トヨタの燃料電池車が本書〔『2015年版間違いだらけ』のこと〕刊行の直後、二〇一四年一二月にいよいよ発売される。その名は「ミライ」。この一〇月〔二〇一四年一〇月〕、こいつの試乗会へ行ってきた。場所は伊豆修善寺にあるサイクルスポーツセンターのクローズドサーキットであった。最近は試乗では助手席に乗ることもあり、このクルマについても助手席インプレッションの範囲内でお伝えするしかないのだが、それでもこのクルマはあらゆる意味で「すごい」の一言。そのことだけは断言できる。

やれ、スティア特性がどうのとか、居住空間がどうのと細かなことをいう以前に、燃料電池車が具体的なかたち、それも市販される商品として登場したことに、しかもそれが日本のメーカーの手によって世界ではじめてなされたことに私は感慨無量である。プロトタイプぐらいならどこでもやれる。実際GMでもダイムラーでも実験車はいくらでもつくっている。しかし、ミライは一般に市販される量産車なのだ。そいつを実現するのはとてつもないことだ。

ミライは水素を供給するスタンドが整っていないから、当面は大量販売もしようがない。しかし、いくら水素スタンドをそろえたって、水素を充塡するクルマが来なけりゃスタンドは成り立たない。ならまずはクルマをつくるしかないだろうということで、トヨタは今回の市販に踏み切ったそうである。

つまりはミライはすぐには儲からない。これまでの二〇年間で投じた莫大な開発費の回収にはこれから先、長い長い時間がかかる。しかし、今、こいつをやらないと一〇年後、二〇年後のクルマの未来はないと勇気を持ってそいつをやったトヨタの英断は、いくら賞賛しても賞賛しきれるものではない。

ミライに乗った印象は、これまでのトヨタ車とはまったく違うなあというものであった。これまでのトヨタ車はスポーツカーから高級セダン、さらにミニヴァンに至るまで、誰が乗っても無難、やさしくスムーズで、悪くいえばふんわりとした緊張感のない空気に包まれるというもの。それが、このミライは一本剛直な芯のとおった、ギュッと凝縮したものを感じさせるのである。

ミライの運転感覚が独特なワケ

運転した編集者はモーターのトルクがフラットで、かつ慣性質量が大きい（このサイズの四人乗りセダンにしては１・８トンと重い）ことからくる独特の感覚を語っていたが、私が感じたのは、鬼のようにガッチリしたシャシーだなということであった。ミライはアップダウンの多いこのサーキットを、静かかつ滑るがごとく、グイグイと豪胆に走った。こいつはこのクルマの恐ろしく剛性の高いボディと足回り＋トルクの太いモーター駆動によるものだ。

全幅１・８ｍ少々、全長４・９ｍというサイズは最近のセダンとしてはまあ標準的だが、全高１・５ｍ超と高い。燃料電池のスタックを床下に、水素タンクを後部座席下に収納したことから着座位置が少しせり上がり、それが全高にしわ寄せされた。重量物が床下中央にあるので、重心が低く、かつ慣性質量がクルマの中心にあるということで操縦安定性は向上するのだが、人によってはこの着座位置の高さに少々違和感を覚えるかもしれない。先の編集者のいう独特の運転感覚とはそのへんからも来るのであろう。

開発責任者の田中義和《よしかず》さんは、町工場のおやじさんのような雰囲気の、飾らないごく気さくな人で、実に嬉しそうにミライの技術解説をやってくれた。そう、こういうクルマを世界に先駆けて手がけ、実現する。そいつは技術者冥利に尽きるではないか。

水素を燃料として走るこのクルマは何から何まではじめてだらけである。水素の管理一つとっても法律が整備されておらず、今の法律に厳密にしたがえば、フリートユーザー（企業など複数台所有者）がミライを四台以上持つことは問題があるのだそうだ。現行の法律では一カ所に一定量以上の水素を保管することに厳しい条件があるからだ。また、ミライは電源として電力を供給することができる。１００Ｖの家庭用電源としても機能するのだが、厳密には家庭用燃料電池の保安基準に適合しない（スタックの安全弁が二ついるのだという）。このあたりもこれからの法整備が必要だ。

水素を満タンまで充塡する時間は三分というから、チャージにやたら時間のかかる電気自動車はこいつの敵ではないが、その水素の値段がいくらぐらいになるかといえば、まだ市場がなく流通量も少ないので、よくわからないようだ。今のところ満タンにして五〇〇〇円ぐらいになるよう調整中とのこと。政府は燃料電池車の普及に本気のようだから、燃料電池車が普及するまでは助成金などでかなり安く抑えられるかもしれない。

トヨタの勇断はいくらほめてもほめきれない

衝突した場合の漏電はどうする。水素タンクは大丈夫なのか、水の中に落ちた場合は等々、あらゆるトラブルのケースを想定し、考えられる安全対策をすべておこなっていった結果、ミライは１・８トンと重くなった。なにせ、すべてがはじめてのことなのだ。しかし、こいつは実際にこのクルマが公道を走りはじめることによって最適化されていくだろうし、漏電その他の問題についても、プリウスからはじまってすでに一七年におよぶハイブリッドカーでの経験が大きくモノをいっているハズだ。

ミライの価格は七〇〇万円ほどだが、エコカーとしてお上から破格の助成金がくだしおかれるので、実際の購入価格は五〇〇万円少々になるだろう。その値段だとメルツェデスのCクラスやBMWの3、同じトヨタ車だったらレクサスのISあたりと比べることになる。こいつは世界ではじめての、最新技術の塊である燃料電池車を自分のものとするには破格な値段だ。フル充填での航続距離はカタログスペックで650kmというから、公道でも500kmぐらいは楽に行けそうだ。政府は二〇一五年度内に水素スタンドを東京・名古屋・大阪・福岡を中心に増設し一〇〇カ所とする目標を立てているという。となると、なかなか現実的ではないか。

ミライが売れるか、売れないか。それはまだわからない。苦難の道が待っているようにも思う。しかし、やれエコロジーがとか、水素社会がとか、口先だけならいくらでもいえるところを、とにもかくにも商品として具体化したトヨタの勇断はいくらほめてもほめきれない。

技術説明会の最後に、このクルマの開発担当者が十数人、ずらりと勢揃いして自己紹介したのだが、彼らの一人ひとりが誇らしげに胸を張っていたのが印象的であった。

第5章

どう生きるか、どう生きてきたか

幼少のころからクルマとともに育ち、中学時代からクルマを運転し、大学卒業後、一生クルマにかかわる仕事をしていこうと決意し、その通りに生きた著者が語る波瀾万丈のクルマ人生。

名車メルツェデス・ベンツ300SLのガルウィングを開けて。1986年1月、神宮外苑での撮影。石原裕次郎が愛車300SLに乗る姿を目撃したことを、ときどき話していた。

〝寿司屋のVWビートル〟はスポーツカーだった

［VW WORLD No.7 1989年刊］

〝サードで100km／hまで引っ張ったよ〟

その瞬間、私のシートはレールから外れてリアシートまでフッ飛び、私の横にあった大きな箱に入っていた飯は室内に散乱した。

交差点の真中へと飛び出した私のクルマはそれでもエンジンはかかりっぱなしで、例のガサコソをめいっぱい大きくしたような音を立て派手に回っていた。

何ごと!!　私の乗るVWビートルに大型のダンプカーが追突したのである。まったくの居眠りで40km／hぐらいで私のビートルにモロに当たったのである。

ときは平成の今よりさかのぼること三〇年、昭和のまっただ中、私はといえば成城の学生でクルマが欲しくて、欲しくてバイト中というワケだ。

自分のクルマを持つためにいろんなアルバイトをやった。一番多いのはデパートの配達だが、こいつは田舎者の私に東京の幹線道路を教えてくれた。

当時学生の分際でクルマを持とうというのはとんでもないことであり、社会的に認められるものではなかったが、当方としてはそんなものにはかまっていられない。シャニムニ五万円をためるべく今日はデパート、明日は運送屋とアルバイト先を転々としていた。

私の日当は四五〇円から五〇〇円。それでも運転免許はまだ特別なもので、学生アルバイトとしてはとてもよかったのだ。当時ラーメンは二五〜三五円、カレーライスでも五〇〜一〇〇円という時代であった。

私がVWビートルで追突事故に遭ったのは神田のある寿司屋さん［神田志乃田寿司のこと］でのアルバイト中のことである。この寿司屋さんは有名で、都内のデパートにコーナーを持っていたので、私は神田から新宿の伊勢丹、渋谷東急、銀座松屋などへ炊き上がったシャリやノリを運んでいるという図である。

おりしも私はこのシャリを大きな箱に入れ助手席を倒して置いており、新宿の伊勢丹に向かうべく女学園下の信号待ちという図だったのだ［靖国通りの富久町交差点と思われる］。

私にとって、憧れのVWビートルに思うぞんぶん乗れるチャンスはこの寿司屋さんがはじめてだった。とにかく、ここへ勤めたのは連続ではないが二カ月ぐらい、そしてここで所有する仕事用のクルマがダットサンヴァンとトヨエース、そしてこのVWビートルだった。

もちろん、ネライはVWビートルである。ごくごく普通の1200、おそらく一九五五～五六年製ぐらいのエクスポートモデル（こういうグレード）、走行距離8万なにがしという状態であったがよく走った。

VWビートルはご存知アウトバーン生まれだ。高速ドライブはお手のもの、全体にギアが高いコンチネンタルギアを持っている。

〝サードで100km／hまで引っ張ったよ〟。私は興奮して寿司屋のメシ炊き係（アルバイトの運転の私よりははるかに偉い人）に話した。とにかく、この興奮を誰かに伝えたくて、学校のクルマ好きに電話した。そいつ大いにうらやましがっていたっけ。

〝VWビートルはスポーツカーである〟、私はそう信じた。スポーツカーは速く走らねばならない。今もバカだが若いころはもっとバカだったらしい。

たちまちこの少しくたびれた黒のVWビートルはスポーツカーに変身した。都電の向こう側をパス——、交差点の左折に際しては必ずカウンターステァを当てた。

私の田舎［水戸市近郊］は舗装道路というものは全長で2kmぐらいしかなく、あらゆるコーナーでカウンターステァを必要としたのである。そんなわけでテールヘビィのVWビートルでこいつをやることは、ま、朝メシ前だった。

VWビートルはとても貴重なクルマだった

バカというヤツはとどまるところを知らぬ程バカといわれるワケだが、次に私が挑戦したのは〝VWビートルはクラッチを踏まずともシフトできる〟という伝説であった。

ま、それほどシンクロメッシュが強力であるということなのだが、むろんはじめの何度かの失敗のあとに成功した。とくにシフトダウンのほうがやさしいのである。

　こうしてVWビートルは私のクルマになりつつあった。このクルマなら何でもできると自信を持ちはじめていた。

　しかし、さすがにノーテンキの私もこのクルマを買おうとまでは思えなかった。多分、このころVWビートルのまともなものは四〇万〜五〇万円だったろう。むろん中古で。

　間違いなく、当時のVWビートルは現在のポルシェ911カレラ4より貴重な存在であった。

　昨今の多くの自動車ユーザーが〝一度メルツェデスのハンドルを握ってみたい〟というのと同じく、当時の自動車ユーザー（現在の一〇〇分の一ぐらいで明らかに特権階級であった）は自らのスバル360に乗りながら、〝一度VWワーゲンを自分のものにしてみたい〟と憧れていたのだ。

　当時首都高速もなく、都内の幹線道路にはまだ都電なるものが走っていたが、VWビートルが十分実力を発揮するぐらいの交通事情であり、いたるところで100km／

ｈが出せた。多くの国産乗用車の実用スピードがせいぜい60～70㎞／ｈのときの話である。当時の１００㎞／ｈは現在の２００㎞／ｈほどの重みがあった。

長い長いアルバイトの期間を終えて私のもとには三万六〇〇〇円が残り、私はポンコツのヒルマン・ミンクスを買った。そのクルマに乗って天にも昇る気持ちでいながら、私は〝ＶＷビートルを買うゾ〟と思っていた。

クルマを買いながら、すぐ次のクルマを思う、こいつは今にしてはじまったことじゃないのである。

スカＧがポルシェを抜いた⁉
――第二回日本グランプリ参戦録

［スコラ　1982年12月9日号］

ドライバーは二人ともニコニコと笑っていた

そのとき、スズカサーキットに集まった十数万人の観衆は自分の目を疑ったに違いない。グランドスタンドへさしかかるスズカサーキットの最終コーナーはやや下りの２５０Ｒ、そこからトップで現れたのはアイヴォリーホワイトに赤い二本のレーシングストライプの入ったゼッケン41番、ドライバーは生沢徹《いくざわてつ》のスカイライン2000GTだった。

そのすぐ後方には スカイライン2000GTの半分もあろうかという低い姿勢のポルシェ・カレラGTSタイプ904、ゼッケン1番、ドライバーはご存じ式場壮吉《しきばそうきち》である。

すべての観客が立ち上がった。ワーッ、ワーッという歓声はやがて大きな拍手となってスズカサーキットに谺《こだま》した。グランドスタンドの観客は誰かれとなくスカイラインのすごさを讃えあった。

この瞬間、スカイラインの今日までの名声は確定したといっていい。西ドイツからやってきたすごいマシン、ポルシェ・カレラGTSタイプ904をスカイライン2000GTが抜き去ったのである。

私はといえば大歓声に驚きつつも、絶対抜かれることがないと信じていたポルシェのピットをつとめており、やや ア然としながらも式場氏にサインを出すべくコースの最前線へ出ていった。

きびすを接して私の前を通過したスカイライン2000GTとポルシェのドライバーは二人ともニコニコと笑っており、ともに200㎞/h以上で闘いながら、そのムードはわれわれが当時よくやった箱根へのサンデードライブにも似たなごやかなものであった。

ときは昭和三九年［一九六四年］、東京オリンピックの年である。この春五月二日、三日にスズカサーキットでは第二回日本グランプリが開かれ、二日間で二〇万人以上の人を集めた。

レースは各メーカーの思惑がからみ細かく分けられた。下は360ccの軽自動車から、上はクラウン、セドリック、グロリアという今では考えられないようなクルマまでレース用に改造され、サーキットを走り回っていた。

スズカサーキットは昭和三七年に完成し、翌三八年には第一回日本グランプリが開かれた。そこではおおかたの予想を裏切りトヨタが圧勝した。パブリカ、コロナ（式場氏が勝った）、クラウンのすべてが勝利をおさめた。

このグランプリの勝利は販売に大きな力となりコロナはブルーバードの牙城に迫る売れ行きを示した。

なにしろ日本ではじめての名神高速道路が開通し、これからのクルマは高速性能こそ重要とすべての人が思っていたころである。

モータリーゼイションがもうすぐ開花する直前で人々はことによると自分もクルマを持てるかもしれないと思いはじめ、クルマというと異常な人気が高まっていたころなのである。

プリンス自動車は前年ふがいない負け方だった

第一回のトヨタの成功を横目で見て各チームは来年こそはと思ったに違いない。まだ国産車は性能が悪い、いや国産車はクルマじゃないという思いが人々のあいだに定着しているころであり、たまたまクルマを買える人はタクシーの運転手に〝いったいどのクルマがよいだろう〟と相談していたころである。

そんなとき、全国へTV中継され、大観衆の前で勝利をおさめることができたら、その効果のほどは計り知れないものがあろう。まだ、日産と合併する前のプリンス自動車も自社の製品がいかに秀れているかを表現すべく第二回日本グランプリに焦点を合わせていた。前年、プリンス勢は半ば遊びの気分でレースに参加していた。このときすでに生沢はプリンスのチームメンバーとしてスカイライン・スポーツ（ジョバンニ・ミケロッティのボディデザインによる今でいうスペシャルティカー）で走った。

結果は……。何周目か、生沢がブラブラと最終コーナーを歩いてくる。手にはなにやら持っている。それは近づくにつれシフトレバーであるということがわかった。

〝こいつが抜けちゃ走れないよ〟。ブッチョウ面の生沢はそいつをピットにほうりこんだ。このとき、かの桜井氏［桜井真一郎氏］も同僚たちとグランドスタンドにいたという。味方のややふがいない敗け方に〝ようし、来年はいっちょうやってやろうか〟と思ったという。これがスカイライン2000GTが生まれるきっかけとなるのだ。

スカイラインのGTカーレース参戦は極秘だった

プリンスは当時スカイラインという1500ccクラスのバランスのよい乗用車をもっていた。このスカイライン1500と2ℓクラスのグロリア、この二つの出場は当然だった。ライバルはスカイライン1500が、トヨタのコロナ、いすゞのベレット。グロリアはトヨタのクラウン、日産のセドリック、いすゞのベレルである。しかし、グロリアはそのエンジンが国産初のストレート6・OHCというものでパワー、回転にずば抜けており、多くの人々は、グロリアの勝利を確実と見ていた。

当時は大きく分けてレースはツーリングカーレース、GTカーレース、そしてフォーミュラカーレースとなっていた。ツーリングカーレースは最小の360cc軽自動車から、800ccのパブリカ、1000ccの三菱コルト、1300ccのブルーバード、1500ccのコロナ、ベレット、スカイライン、そしてグロリアのクラスと細分化されていた。

まだモータースポーツを見慣れていない日本ではクラス優勝では効果が薄く、勝利はすべて総合優勝でなければ意味がなかった。かくて各メーカーは自社のクラスに有利な線びきをおこない、その結果がかくのごときレース区分となったわけだ。

しかし、ＧＴカーレースのほうは国際的であった。１０００cc以下のＧＴⅠ、２０００ccまでのＧＴⅡ、そしてそれ以上がＧＴⅢであった。これは本格的なＧＴカーが日産のフェアレディ以外なかったことにもよろう。当時ＧＴカーとかスポーツカーといえばもう絶対的に外国車と相場がきまっていたのだ。

ＧＴカーというのは年間一〇〇台以上生産されたクルマであることが義務づけられていた。

２０００cc以下のＧＴⅡレースはフェアレディとベレット１６００がいるだけで、あとはトライアンフＴＲ４、ＭＧＢ、ポルシェ、ロータスなどの生産型スポーツカーである。プリンスはここへのエントリーを狙った。

この計画は極秘のうちに進められた。桜井氏によれば〝はじめはネ、夢のようなものだったんですよ、スカイラインにグロリアのシックスを載せたらといったら、皆んながネ、そんなことをしたらクルマが真っぷたつに折れちゃうとか何とかいうんですよ、こういわれると、こっちは技術屋だから、それなら一度つくってみようじゃないかということになったんですよ〟。

スカイライン１５００のボンネット全長は２１０㎜延ばされて、そこへ長いストレート６を積みこむ。そのエンジンはただのストレート６じゃない。三個のダブルチョークウェバー【イタリア、ウェーバー社の高性能キャブレター。吸気通路を二つ持ち、一つのキャブレターで二気筒に対応する】を与えられたカリカリにチューンされたレーシングエンジンなのだ。

各社のドライバーは友人同士だった

この記事をまとめるにあたって当時の話を取材すべく式場氏と生沢氏の対談を開いたが、そこで式場氏は〝当時のスカイライン2000GTというクルマはドライバーの発想によるドライバーズカーだと思ったネ〟というと〝とんでもない、ありゃエンジニアがつくったクルマで、はじめはとてもじゃないが走れなかったよ、アンダーステアなんてもんじゃない、それでいて突然オーバーステアに変わるんだから〟と生沢氏は話してくれた。

とにかく、スカイライン2000GT（まだこの段階ではこの名前はない）はひそかに開発されていた。

しかし、開発の途中になるとどうしてもコースを走らねばならなくなる。当時、各メーカーがいかに熱くなっていたかの証明にトヨタ、日産、プリンスなどというトップコンテンダーは自社のテストコースにレーシングサーキットを急いでつくったことがある。

スカイライン2000GTもはじめはそこで熟成されていたが、開発が進むにつれ、スズカサーキットに持ち込まれてきた。

各メーカーはスズカサーキットを専有使用するから、そのすべてはなかなかわからない。でも〝このごろスズカサーキットではものすごいエンジンの音がする〟にはじまり、それはやがて〝プリンスがすごいクルマをつくってGTレースに出るらしい〟に変わっていく。

当時、式場氏、生沢氏、それに浅岡氏［浅岡重輝氏］、ミッキー・カーティス氏、三保敬太郎さん、亡くなった浮谷《うきや》氏［浮谷東次郎氏］、それに私などは仲間で（この連中はレースがはじまる以前からのクルマ好き仲間なのである）、毎日のようにホテル・オークラのコーヒーショップ、カメリアかヒルトン［現在のキャピトル東急ホテル］のオリガミに集まってはたわいのない話に夢中になっていた。

そのメンバーのすべてが各メーカーのワークスドライバーであり、各々がライバルであるハズだが、もともと友人同士なのでその関係はいたってなごやかであった。

今でこそみなオジサンになってしまったけれど当時は生意気ざかり、いっぱしの紳士を気取ってオシャレにもはげんだものだ。

この連中の中心的な話題はやはりレースの話。だいたいみんな、土、日曜日に練習があり、それ以外は暇ときまっているからよく集まれたのである。

浅岡氏が〝テツのとこのあのすごいのはどうだい〟とはじめる。はじめは〝何、そのすごいのって〟ととぼけている生沢氏もだんだん興が乗り〝いやウェバーってすげえよ、最終コーナーで横になっちゃうんだ〟。一同エッと驚く、まだ誰もそんなパワフルなクルマに乗ったことがなかったのである。

この仲間の中で私はといえばあまり速いほうではなく、みんなの注目は私の乗り方ではなく、能書きにあったようだ。私の情報は比較的信頼され、テクニックの分析もみな耳を傾けてくれた。思えばそのころから評論のほうを得意としていたみたいなのだ。

とりわけ私のクルマ情報を信頼してくれたのが式場氏で同じチームということもあり、いつもクルマの話、テクニックの話をしていた。

ある日、私が持っていた「ロード&トラック」誌〔アメリカの自動車雑誌〕に小さなコラムでポルシェ・カレラGTSタイプ904のことが出ていた。それは、ポルシェでは来年のスポーツカー・ワールドチャンピオンシップのためにこのクルマを一〇〇台生産すること、プラスチックボディで軽量であること、ミドシップに積まれたエンジンはカレラ2のものであることなどが簡単に書かれていた。

「904を買ってGTⅡに出ようと思う」

この記事のことを話すと式場氏は異常な反応を示した。その「ロード&トラック」をひったくるように私の手から奪うと、いつもは夜遅くまでねばっているのにこの日はそそくさと帰ってしまった。

その週の土曜日、式場氏と私は例により羽田から名古屋に向かってフレンドシップ［当時使われていたフォッカー社製双発旅客機］の客となった（当時まだ新幹線はない）。

その飛行機の中で彼は恐ろしいことをいった。「９０４を買ってＧＴⅡに出ようと思う」こういったのだ。「何、９０４を買う？　いくらするの」、どうも貧乏人のあさましさで値段の話がすぐ出るのだ。

「意外に安い。一万ドル少々［当時は一ドルが三六〇円、大卒初任給が二万六五四円だった］だと思う。しかしネ、問題は金じゃない、たった一〇〇台のクルマ、ボクに売ってくれるかどうかなのだよ」。

確かにそうだ。ポルシェ・カレラＧＴＳタイプ９０４というクルマは今でいえばポルシェ９５６だ。そんなレーシングカーをおいそれと東洋のちっぽけな島国の青年に売ってくれるワケがないのである。

それから式場氏の精力的な動きがはじまった。彼がメンバーであった日本ポルシェクラブを動かし、第一回日本グランプリにやってきた当時のポルシェのレーシングマネジャー、フシュケ・フォン・ハンシュタインとコンタクトを取り、何とか一台譲ってくれるよう頼みこんだ。

式場氏という人はもうつき合いが古く二五年にもなるが、こうと思ったら必ずやりとげるところがある。多くの場合それは何を犠牲にしてもやりとげるのだが、彼の才能はあまり何も犠牲にしないでやりとげてしまうことだ。といって努力をしないワケじゃない。努力はすごくても、多くの場合その目的が高いと実現しない場合が多い。彼の場合はそれが実現しちゃうのである。

とにかく、式場氏はオークラパーティにあまり顔を見せなくなった。というより顔は見せるのだが遅れてきたり、すぐ帰ってしまうのである。

仲間は〝壮吉はこのごろどうかしてんじゃないか〟〝女ができたのか〟と大変なさわぎ。ついに生沢氏やミッキーが〝オイ、壮吉、何があるんだよ、俺たちに話してみろよ、楽になるから〟。別に式場氏は楽になりたくはなかったと思うが、いつも私にいっていた。〝一番はじめにアイツラに教えたい〟と。

柿ノ木坂の三和自動車にみんなで見に行った

それが年が明けてからだった。六本木のニコラスというピッツァハウスで〝実はポルシェ904を買うんだ〟と打ち明けた。それこそみんなボーゼン。

当時のポルシェといえば生産型の356だって今のフェラーリ512BBの比じゃない。それもわずか一〇〇台のレーシングカーを買うというんだから驚かないほうがどうかしている。まして当時はそのクルマの価値をいやというほど知っているのだ。

知っていながら黙っていなければならない私は本当に肩の荷が下りた。私は毎日のようにに式場氏から話を聞いていたし、トランスミッションのレシオがニュルブルクリンクタイプであることまで知っていたのだから。

それから少したった三月のある日、式場氏から再びメンバーに招集がかかった。今日、三和《みつわ》自動車に９０４が入るからみんなで見に行こうというのである。

みんな、目黒通り、柿ノ木坂の三和自動車（現在［執筆当時］は三和自動車のペイントショップになっているところ）に集まってきた。

そのシルバー・グレーのスリークなボディを見たときの驚き、喜び、みんなレーシングドライバーである以前にカーマニアでもある。ホウというため息とともに期せずして〝何て美しいんだ〟という声が発せられたのは少しも不思議じゃなかった。

今や有名になった三和自動車のメカニックこと吉岡氏の手により、２ℓ、フラット４、ツウィンカムエンジンのファイアリングがおこなわれた。

アッケないほど簡単に目を覚ましたフラット４は生産型の３５６のとはまったく違い、底力のある爆音をまきちらした。

そのまま、ウォーミングアップ、当時、ガラガラに空いていた目黒通りでテストすることになり、式場氏のドライブで９０４は走りはじめた。

はじめにパッセンジャーシートに座らせてもらった私は、その圧倒的な加速に正直いってドギモを抜かれた。スズカサーキットで何度となく式場氏の横に乗って、少しも怖くなかった私がこのときばかりは怖さを感じ、背スジが冷たくなった。

それからは何とも忙しくなった。904の慣らしをしなくてはならない。当時できたての名神高速やスズカサーキットに近い名四《めいし》国道を何十回となく往復した。

はじめてスズカサーキットを走ったとき、降りてきた彼は〝本当にこれミドシップかね。リアエンジンと変わらないよ〟と話してくれた。このクルマのハンドリングは確かにトリッキーでオーバースピードでコーナーにつっこむのは勇気というより蛮勇といったほうがよかった。

本番前のクラッシュ

そして五月二日、GTⅡのオフィシャルプラクティス［予選走行］がおこなわれた。七台のスカイライン2000GTに囲まれて走るポルシェ・カレラGTSタイプ904、これがはじめてのスカイラインVSポルシェであり、日本のモータースポーツ史を飾るこの名勝負のオープニングセレモニーだった。

この日、私は所用がありプラクティスのスタートには間に合わなかった。私がガランとしたスズカサーキットのグランドスタンドについたとき、あの独特の力強い、そしてメカニカルノイズの高い904の音が聞こえてきた。めいっぱいガスペダルを踏み、ストレートを下っていった。

突然、私の耳から904の音がなくなってしまった。多くのライバルたちが走っており、本当はけっこううるさいハズなのに私の耳はシーンと静まり返ったのである。私は走った。トンネルを抜けピットへかけつけるとメカニックたちがヤッタと叫んでいる。〝どこで〟と私、聞くまでもなく第一コーナーにうずくまる904が見えた。再び私は走った。そしてほぼピットの近くで式場氏をつかまえた。〝大丈夫？〟〝うん体は何ともなかった〟意外に落ちついている。〝マシンは？〟〝ダメだろうな〟、〝どうして？〟〝ペダルコントロールが外れてスロットルが全開になった〟。904はシートが動かず、三個のペダルとスティアリングホイールが自由に動く。このペダルのケーブルが外れて突然前へきてしまいスロットルが全開になったのだ。

これには後日談がある。レースも終わったある日、ポルシェから三和自動車にある部品が送られてきた。

それはこのペダルコントロールのパーツで、ときおり外れることがあるから交換するようにというものだった。

とにかく、フロントのカウルはメチャ、メチャ、クルマを見たらとても修理ができるものじゃないと思った。

ところがここに藤井さんという方がおられプラスチックなら修理できるかもしれないという。あわただしく名古屋の藤井さんのところに持ち込み、それからは藤井さんの徹夜の努力が続く。

そして９０４がかろうじてその原型らしきものを取り戻したのはレース当日の朝であった。

９０４のスタートは絶好だった

レースは午前中で満員の観衆のほとんどは９０４のことを知っている。その日の少し前一九六〇年代の若者の風俗をリードする週刊誌「平凡パンチ」が創刊した。そのカバーストーリーは〝怪鳥ポルシェ９０４をブッつぶせ〟というものだった。

やがてＧＴⅡのレースの時間がきた。オフィシャルは各車のコースインを告げる。しかし、この時間になっても９０４はパドックにすらいなかった。

そのころ式場氏はグランプリで渋滞する四日市、鈴鹿間をパトカーの先導で走っていたのである。

ＧＴⅡレースのほとんどのコンテンダーがスターティンググリッドに並んだところ、９０４は待ちわびる私の前へ姿を現してくれた。アナウンサーが〝９０４がただいま到着しました〟と伝えるとドッと観衆は沸いた。

あわただしく車検をすませ、タイヤのエアを調整し、ガムテープを貼り直して９０４はコースへ出た。

それはガムテープだらけの姿であり、ニューカーの美しいフォルムは失われていたが、間違いなくポルシェ・カレラGTSタイプ904であった。

例の野太いエキゾーストノートをふりまきながら定刻を少し過ぎて、たった一つ空いた最前列右側（そう904はポールポジションではなく、生沢氏が一番左を占めていた）に並んだ。ドッと沸き起こる歓声、拍手。904のスタートは絶好だった、575kg、180馬力、0→400m、一四秒、最高速度270kmにものをいわせて一気に前へ出、そのまま単独で第一コーナーへ入っていった。そしてファーストトラップを終えて最終コーナーを下りてくる式場氏の顔はもういつものものであった。私はピットボードを出さずにサムアップのサイン（親指を立てるあのサイン）だけを出した。

〝俺が後ろについたら抜かせてくれな〟

ここから冒頭の生沢氏の乗るスカイライン2000GTがポルシェ904を追い抜いた話に戻る。

かつて、オークラで生沢氏が式場氏に〝俺が後ろについたら抜かせてくれな〟といったことがある。まさかと思うが私はこのときピットにいて、スカイライン2000GTがトップで下ってくるのを見てこのことを思い出した。真相はなかなかおもしろい。式場氏は〝あれは確かテツがちょっと離れたんだ。何となく心配になってネ、ほんの少し逆バンクからダンロップブリッジにかけてスロットルをゆるめたんだ〟。

生沢　〝そう、あのときオタクの前にド遅い女がいたろう、俺はシメタと思ったネ、それでディグナー［鈴鹿サーキットのコーナーのひとつ、デグナーカーブのこと］をガンバッてさ、後ろへついたんだ〟

式場　〝そうそう、急にお前が後ろへ来てさ、こっちは心配してたのに、ニコニコ笑ってるコイツの顔がバックミラーにうつってさ〟

生沢　〝あの女がヘアピンでフラついているんでソーチャンはちょっと外へよけたんだ。こっちは戦車みたいなクルマだから、ブツカッても９０４が壊れるだけで（笑）こっちは大丈夫なんでエイヤッとネ、インに入った〟

式場　〝そうだ、このヤロウと思ったネ。そうしたら何となく、あんな場面でいつも一緒に走っている箱根みたいな気分になっちゃって、テツのあとについて見るかと思ったんだよ。そしてさ、友達の責任を果たして次のヘアピンの立ち上りで抜いたんだ〟

ご当人たちの話はこのとおりである。確かに当時は二分五〇秒［ラップタイム］くらいでスピードは遅い。しかし、それは技術の進歩のなせる業というヤツで当時としたら、二分四八秒（式場氏のポルシェ９０４のレース中のベストラップ）というのは今のＦ１の一分四七秒と同じぐらいの重みがあった。

式場氏はオーバースティアと闘い、生沢氏は長いホイールベースのスカイライン

2000GTの深いスリップアングル［タイヤはコーナーを曲がるさいに歪み、回転方向と進行方向に角度のズレが生じる。これをスリップアングルという］をコントロールしながらの話である。

〝泣くなスカイライン、鈴鹿の華〟

私はこのレースのすべてがスカイライン2000GTの名声を決定づけたと思っている。もし、もう一つあるとしたら桜井真一郎氏のキャラクターであろう。この第二回日本グランプリと桜井氏のキャラクターに比べたら、その後の50連勝もオマケみたいなものであると思う。

あのとき、スズカサーキットに集まった観衆やTVの前に釘づけとなったファンはポルシェ・カレラGTSタイプ904の美しさ、強さに酔い、そしてレース直前に起こったアクシデントでポルシェと式場氏に同情も寄せていたと思う。

ところが、よもやと思っていたスカイライン2000GTがそのポルシェ904を抜きトップに立った。この瞬間、すべての観衆は日本人であることを思い出し、日本のスカイライン2000GTの健闘に感動した。翌日のスポーツ紙のタイトル〝泣くな　スカイライン……〟はそのことをよく物語っている。

もし、私の説が正しいとすればスカイライン2000GTを今日の人気車種にした功労者の一人がポルシェ904であり、それで闘った式場氏と生沢氏だろう。

その後、いろいろな人がこのレースとスカイライン2000GTのことについて語り、書く。

その多くはスカイライン2000GTはただの生産型ベースのクルマであり、レース専用のマシンとしてつくられたポルシェ・カレラGTSタイプ904と闘うのは間違っているというもので、中にはポルシェをアンフェアと断言する人もいた。

私はそうは思わない。レースというものはあるルールのもとにおこなわれるものであり、ポルシェもスカイラインもそのルールの中で精いっぱい闘ったのである。確かにスカイライン2000GTは重いし、エンジンのパワーも小さい。逆にポルシェは軽いし、エンジンのパワーも大きい。しかし、レースの一つの目的が技術の向上にあるとすれば、それこそ技術の差であるというべきである。

スカイライン2000GTはダンロップR6（当時第一級のレーシングタイヤ）を履き、904はロードユースのダンロップSPを履いていた。それもこれも当時の人たちが考え、行った最善のことなのである。

その後も続いたプリンス／日産とポルシェの戦い

そして、スカイライン2000GTは敗れた。当時ウェバーキャブといえば宝石のような存在、その高価なキャブレターを一〇〇台ぶん、合計三〇〇個も買い込んで

2000GTをつくり上げた桜井氏の執念はここでは実らなかったが、ポルシェという存在がその後、氏のレース活動の原動力ともなった。

〝ポルシェを敗かすクルマをつくりたかった。それにはV12気筒でも何でもやってやれという気持ちでした〟と私に語ってくれた。

レースが終わってから相当時間がたって、当時のプリンスの技術者たちが市川の式場氏宅を訪れてポルシェ・カレラGTSタイプ904を見たそうである。

そのエンジニアたちは長い時間をかけポルシェ904を詳細にわたって見、ディメンションを計測して帰ったという。やがてそれはなんらかのかたちで後のプリンスR380に影響を与えたと思う。

ポルシェとスカイライン2000GT、この二つのクルマの勝負はけっして国際的じゃなくローカルな話でしかない。けれどわれわれにとっては素晴らしい名勝負であった。

その後、第三回日本グランプリは滝進太郎氏の乗るポルシェ・カレラ6と生沢氏以下のプリンスと日産の合同チームの乗るR380の闘いとなり、砂子義一のR380が勝利。

そして翌第四回日本グランプリは一匹狼となった生沢氏がポルシェ・カレラ6でR380A－Ⅱと闘う。このときも私はピットにいた。このへんからはポルシェと日産の桜井氏との闘いとなり、第五回は北野元のR381が生沢氏の乗るポルシェ・カレラ10（二位）を抑えて優勝。

そして、第六回日本グランプリは本物のワークスポルシェと日産R382との闘いになる。リコ・シュタイネマン率いるポルシェワークスは当時最強のスポーツカー、ポルシェ917とスポーツカーレース最速のジョー・シェファートの組み合わせであった。この戦いにR382は勝利を得たのだからすごい。

当時を振り返り桜井氏は〝日本にも強敵はたくさんいました。しかし、何といっても強いのはポルシェです。あのクルマは本当にすごい。そんなライバルと一生懸命戦えた私たちは幸せだったと思います〟。

再会した904は素晴らしいクルマだった

この取材のために式場氏と私は東北の秋田へ飛んだ。今は秋田の愛好家のもとにあるあのエポックメイキングシーンを演出してくれたポルシェに会うためである。

ポルシェ・カレラGTSタイプ904はニューカーと変わらぬ美しさを保っていた。多くの356や911に囲まれた904はそれらに比べて一段と低くうずくまっていた。

スターターではかかってくれず、かつてそのステイアリングを握り、このクルマをまっ先にチェッカードフラッグを受けさせた男に押されてようやくスタートした。

十数年ぶりにスティアリングを握った式場氏ははじめは慎重に、そして、しだいに回転を上げて904を走らせた。横には私が乗った。約二〇年ほど前と同じように904は派手なエグゾーストノートとメカニカルノイズをコックピットいっぱいに響かせながら加速した。

途中、サードの中速コーナーではアペックス〔コーナーの頂点のこと〕に砂があり、テールを滑らせた。こっちはドキッ‼　だが、ドライバーはそのままスロットルを踏み、スティアリングを軽く振ってそれ以上外へ出ようとするリアタイヤを押さえた。クルマも変わっていないが、ドライバーのほうも変わっていないのである。

約三時間、軽いテストドライブと撮影が終わり私たちは904と別れた。

それはとても短い邂逅《かいこう》だったが私にとっては素晴らしく充実した時間であった。一九六四年が三時間だけ戻ってきたのである。

いざ東京へ帰るための飛行機に乗ろうとしたとき、それまでポルシェ904についてて技術的なことについての短いコメントだけを語るといっていた式場氏が〝杉江（私の本名である）、今日は本当によかったな、ウンとてもいい日だったよ〟といった。

人生のどん底でつかんだお金の哲学

［ぶ男に生まれて　1999年刊］

「ホントなら首吊って見せなきゃなんないところだよ」

卒業して、社会人になって、一度は事業で成功したものの、多額の負債を抱えて会社は倒産。それを整理していた丸一年間は、僕の人生の中でも貧乏のピークだった。「払える金はありません、勘弁してください」と、頭を下げて歩く毎日。それをやっているると収入がないから、明日食べる米にも困ってしまうほどだった。

あるとき、浅草のほうにある工場に謝りに行った。本当に申し訳ないと思ってはいても一年も謝り続けていると、何となく慣れてきてしまう。謝って許されるなら、ともかく謝るだけ謝って早いとこ退散しようなんて横着《おうちゃく》なことを考えていたかもしれない。

浅草のその工場に、その日社長は不在だった。代わりに出てきたのが年老いた母親で、僕は型通りの言い訳をはじめた。少したつと、正午を知らせるサイレンが鳴った。すると、老婆は僕にうな重を取って勧めてくれた。僕はそのうな重を猛烈な勢いで食いはじめた。食べながら、まともな飯を食ったのは何日ぶりだろうかと考えた。それを見ていた老婆がお茶を出しながら、背中が凍るような冷たい声でこういったんだ。

「あんた、よく物が食えるねえ。ホントなら首吊って見せなきゃなんないところだよ」

そのとたんに、箸を放り投げ、僕は顔を上げることができなかった。あれほど、自分が愚かだと思ったことはなかった。戦いに負けたんだと実感したのもそのときだった。

ポケットに五〇〇円しかなくなったとき、僕はタクシーの運転手をしていたことがある。タクシーの運転手というのは、現金収入だし、休みたいときには休める。当時の僕の状況にぴったりだったので、六カ月くらいやっていた。

朝の八時から乗車するために、七時ころに出社する。翌朝の四時まで働くといくらくらいになったのかな？　稼ぎが一〇〇とすると五五が僕、四五が会社だった。朝の四時に仕事を終えても、自分のクルマがないから、結局五時の始発まで待っていなくちゃならないのが、すごく苦痛だった。

その生活をいつまでも続ける気はなかったけれど、かといってどうなるものでもない。あるのは、早くこの生活から抜け出したいという気持ちだけ。

金は天下の回りものではない。

金は金を欲しがらないヤツのところには絶対にこないし、金のないところには寄りつかない。タクシー運転手をしていたころから、『間違いだらけのクルマ選び』を出版するまでの経緯については、あとで詳しく書こうと思っているけれど、三八歳で本を出版するまでの八年間、どん底の貧乏は続いた。

さすがの僕もそのころは遊ばなかった。小さなアパートの狭い部屋の中に女房のハンドバッグがいっぱいぶらさがっていた。それを見るたびに僕は、「貧乏は嫌《いや》だ」と思った。

そんな貧乏な暮らしの中で、僕が決めていたことがある。

それは金に振り回されないということだ。

僕のまわりには、生まれてから一度も金に困ったことのない友達がたくさんいた。食うや食わずのときには、彼らとランチを食べに行く余裕さえない。それは、悔しくもあり、残念なことでもあったけれど、そんなとき、僕は「今は金がないから」とはっきりということに決めていた。

貧乏なことは恥ずかしくないけど、貧乏だといえないことは恥ずかしいことだと思ったんだ。金に振り回されないというのは、そういうことだと思う。

会社人間である前に自分であれ

［ビーイング 1992年 5月21日号］

〝やがてクルマをつくってやろう〟と思っていた

ロクロク勉強もせず、クルマにうつつを抜かしていた私が一つだけ心に決めていたのは、一生クルマに近い仕事をしようということだった。

自動車関係の書籍を輸入する会社を皮切りに、レーシングドライバーを経て、レーシング関係のアクセサリーを製造、販売する会社をはじめた。

当時二六歳、まだ、他の若者と同じく、たいした経験もなく向こっ気ばかり強いというのが特徴といえば特徴だった。

話は少し違うが、よく若い女性が希望のボーイフレンドなり、恋人に望むこととして〝やさしい人〟というのを第一条件にする。しかし、これはこと若い男性にかぎっていえばないものねだりだと思う。若い男というのはたいてい〝自分の未来〟を信じているものだ。こういう男にやさしさはないといっていいだろう。少なくとも真の意味でのやさしさはないと断言していいだろう。

おそらく、当時の私もこういう若者の一人だったに違いないのだが、朝から晩までよく働いたことは間違いない。

〝やがてクルマをつくってやろう〟。内心こう思っていた。〝今の日本のクルマはどいつもこいつもダメだ〟とも思っていた。自分の納得するスポーツカーをつくる、そのためにはある資金を集めなければならない。

やがて、この向こう見ずな若者（つまり当時の私）は世の中の厳しさを知らされ、世の中のしくみの一端をいやというほど教えられることになるのだが……。

金は金でしかなく、一番のものではない

幸か不幸か、私は一般論としてのサラリーマンというものを経験したことがない。理由は先に述べたごとく、さしたる勉強をしなかったこと（少々説教めくが勉強は重要である。これがこの年でわかることが問題なのだ）、人を使ったり、人に命令されるのが嫌いなことなどで私はサラリーマンにならなかったのだろう。

学校を出る、どこかの会社へ就職する。これは私の時代も今も変わらない一つのパターンである。

でも、少々自慢をすれば、このパターンに入らなかったことが私の人生でもっとも重要なことであったと思うのだ。

会社へ入る。会社への服従をまず教えられる。そいつが正しいか、正しくないかを判断する前に会社の命令だからということが優先する人間にならずにすんだのだ。

会社の人間である前に自分、これは今も変わらない私のポリシーである。そして、これは長い間、自分一人でやってきたことの結果であろう。

自分で決め、その結果は好むと好まざるとにかかわらず自分で責任を取る。こういう人生は気持ちがいいと心から思っている。

貧乏もずいぶんと経験した。いや、私の人生のほとんどが貧乏であったといえる。しかし、貧乏はいいものとも思わないが、貧乏というものはそんなに怖いものじゃない。その逆に今は少し人様より収入はあるかもしれないが、金は金でしかなくて、そんなに重要なものでもないと思う。

長い間の貧乏がこういうことを教えてくれたのだと思う。金はいいものだし、大切だが一番のものではない。こう思うと人生は大いに楽しくなる。

金はかたちに残らないものに遣え

[モーターエイジ 1988年 3月号]

金を遣うときに人間性が現れる

喫煙が好きだ。

一番多いのはパイプ。葉巻《シガー》も吸う。パイプはロンドンに行ったとき、ダンヒルの店に寄って必ず一本は買ってくる。今、気に入っているのはローデシアンというかたちのパイプだ。なぜだか知らないが、このかたちに私はシビれるものを感じる。

パイプのよさは、自分で葉をブレンドして、自分好みの、オリジナルの味をつくりだせることだ。

その点、葉巻は〝既製品〟ということになるが、ストレートで純粋な味が楽しめる。中でも、ハバナ製の葉巻は、やはり世界最高の味がする。

今日は、金《マネー》の遣い方の話をしてみようと思う。それをタバコの話からはじめたのは、タバコで贅沢することが、私の金の遣い方を、一番象徴的に物語ってくれそうな気がするからだ。

かたちに残るものは買わない。

それが私の、一番好きな金の遣い方である。タバコは吸うと同時に煙となって虚空に消えてしまう。その時間ははかない。しかし、その短い時間の中に、くつろぎと、贅沢と、優雅さが高密度に凝縮している。こんな素敵な金の遣い方はほかにない。

土地を買って家を建てる。それを人生の最大の目標にしている人たちもいる。しかし、私の趣味ではない。どんなに高い土地に高級な家を建てても、それ自体がとても貧乏くさく感じられる。そういう財産を一度つくっておけば、子や孫も安心できるだろう、などと思うのかもしれないが、子孫は子孫でがんばればいいのだ。

それよりも、私だったら、自分のために金を遣う。それも、瞬間瞬間の自分の人生を楽しむために遣う。家を建てるよりも、そのとき自分が一番恋い焦がれているクルマを次々と乗り替えていったほうが、どんなに楽しいかわからない。私は、ほとんどそのために金を稼いでいるといっていい。

金というのは、貯えるときより、遣うときにその人の人間性みたいなものが現れる。ダンディズムの一番根っこのところに金がある。いさぎよく遣えばいい、というものでもない。食事などの会計のときに、何でもパッと伝票を取って、いつも人に奢《おご》っているからダンディーだ、などということはない。その場の雰囲気を察し、割りカンのほうが、人の気分をなごやかにさせるのなら、「今日はみんなで割りカンにしよう」

ということも洒落た行動なのだ。

大事なことは、その場や人の心を察知する感受性だ。こいつを養うには年季がいる。自分の楽しみにさんざん贅沢に金を遣った人間だけが、人を楽しませるための金の遣い方を会得する。

カッコ悪いお金の遣い方

日本は経済大国になったとはいうが、それは金を稼ぐことのみにおいてであり、遣うほうはまだ三流ではないかと思うことがある。今年の正月に、パリから帰ってきた友人が聞かせてくれた話だが、エルメスの本店で、日本人の若い女性たちが行列をつくって店員の顰蹙《ひんしゅく》を買っていたというのだ。

エルメスといえば、自他ともに認める世界の一流店だ。そこの店員は、エルメスの商品を売っているのではなく、エルメスという文化を売っているという誇りがある。スーパーマーケットのバーゲンよろしく、店内に行列をつくられては困るのだ。

それも、その日本人の若い女性たち全員が全員、手にエルメスのスカーフだけを握りしめて必死に並んでいたというのである。

確かに、エルメスのスカーフは、他のスカーフにはない独特の特徴があって、日本に帰ってきたときの、ちょっとした土産ものには最適だ。しかし、それだって、今は少し高いが日本で買える。

エルメスでスカーフを買う人間は、他のエルメス商品をすべて持っているような何十年もの得意客で、服などを買ったときのちょっとしたアクセサリーとして添えて買っていくのである。スカーフだけをしかも行列をつくって買うことほどカッコ悪いものはない。

フランスで、どうしてもエルメスの商品を買いたいのなら、混んでいるパリの本店は避けて、カンヌかニースの店に行くといい。ガラ空きだから、王族の気分で買える。パリは、かたちに残らないものに金を遣う街なのである。

［2012年版 間違いだらけのクルマ選び］

加瀬さん、本当にありがとうございました

「ベストセラーノキザシアリ」という電報

私にとって大恩ある草思社の加《か》瀬《せ》昌男《まさお》元社長が二〇一一年八月に亡くなった。おりしも本書［『2012年版間違いだらけ』のこと］の執筆に忙殺されているときであった。加瀬さんはすでに社

長職を引退されていたが、私にとっては依然として大恩人であり、いつまでも元気でいて欲しかった人であった。

加瀬さんとの出会いは今から三〇年以上も昔になる。

当時、私は講談社で「チェックメイト」という雑誌の仕事をしていた。この「チェックメイト」の編集部には、私を加瀬さんに紹介してくれた三輪幸雄《みわゆきお》さんがいた。このころ加瀬さんは誰かクルマの専門家で、『間違いだらけ』のような本を書ける人物がいないか探しており、そこに三輪さんの紹介で私が登場したというわけだ。話はトントン拍子に進み、私は最初の原稿を加瀬さんに渡した。

しかし、この最初の原稿は加瀬さんのOKが取れず、全面的に書き直しとなった。私は原稿を書き直し、それが最初の『間違いだらけ』になったのだが、その刊行のころに私はニューヨークへ旅立った。「チェックメイト」の仕事のための取材旅行であった。そいつは二カ月の長旅だったものだから、加瀬さんに渡した原稿のことはすっかり忘れていた。すると滞在していたNYのホテルへ、加瀬さんから「ベストセラーノキザシアリ」という電報が届いたのだった。

帰国すると、私の身辺はやたら忙しくなっていた。

はじめ『間違いだらけ』の著者、徳大寺有恒は覆面作家だった。徳大寺有恒なる名前は加瀬昌男さんが命名してくれたものである。が、版を重ねるにつれ、「徳大寺有恒は誰だ」という「犯人探し」がはじまった。そこで、新たに『間違いだらけ』の続篇を刊行するにさいして、私、杉江《すぎえ》博愛《ひろよし》は『間違いだらけ』を自分が書いたことを記者会見で明らかにしたのである。

それからのことはみなさんのほうがよく知っていよう。私は少々もめたあげくAJAJ（日本自動車ジャーナリスト協会）を除名され（今はまた会員である）、以後、ほぼ毎年『間違いだらけ』にとりかかることとなった。そして加瀬さんは、私にずっとクルマ関連の新聞記事のスクラップを送り続けてくれた。

最初の『間違いだらけのクルマ選び』の刊行は一九七六年のことである。そのころは一九六四年の東京オリンピックあたりにはじまった、日本のモータリゼーション発展期まっただ中であり、クルマが売れに売れていた。そうした時代を背景に、私の『間違いだらけ』も版を重ねた。私のワイフはあまりに多額の印税が振り込まれるので心配になったらしい。私はけっして悪いことをしているわけではないのだと説明しなければならなかった。

印税でクルマを買いまくった

『間違いだらけ』がベストセラーとなったおかげで少し収入が増えたが、お金はたまらなかった。次から次へとクルマを買ったからである。一年間に四～五台ぐらい買った。手元のクルマを売り、また買うということをくりかえした。クルマというヤツは売っても買っても損をするとつくづく思ったものだ。

私の得た印税は相当のものだろうけれど、おそらくそれと同じくらいクルマを買っているはずだ。そのことがそのまま私の経験になった。そのくりかえしで私はたいていのクルマには驚かなくなったのである。

私のワイフがそのことについて一言も文句をいわなかったことは感謝している。だって毎年四〜五台ずつ買い替えてきた歴代のクルマの中には、ロールス／ベントリィが五台も入っているのだ。このあまたのクルマの中で私が気に入ったものはといえば、アストン・マーチンDB6、ミニ・クーパー（ただのクーパーで1ℓエンジンのもの）、アルファ・ロメオ・アルフェッタ、シトローエン・エグザンティアなどである。

そしてクルマを実用的に選ぶならドイツ車、趣味的にならばイギリス車だなと思った。日本車はこの中間である。日本車はあくまでキャラクターが薄く、だからこそ世界中に実用車というカテゴリーで選ばれるのである。

この時期は私にとって勉強のときでもあった。このころ夢中になったのはフランスのアンリ・シャプロンやフィゴーニといった架装工房が仕立てた特別ボディのクルマたちである。一九五〇年代はじめまでのこれらのクルマはすごかった。さすがはフランスで、クルマでデカダンスをやっていた。これらのクルマは好事家に愛されはしたが、ほとんど誰にも影響を与えることなく消えていった。

100%支持し、バックアップしてくれた

話を加瀬さんへ戻そう。加瀬さんのドライブはなかなか勇猛果敢であったが、注意深かったこともあり、大きな事故は起こさなかった。加瀬さんは贅沢は好まなかったが、けっしてケチではなく、必要なものは気前よく買った。一時、草思社のクルマがやたら増えたことがある。私がいいクルマだと評価すると加瀬さんは会社でそれを買うことにしたからである。

加瀬さんは外国車にも乗っていたが、国産のいいクルマを好んで乗っていた。スバルはとくにお気に入りで、そうした草思社のクルマの中にスバルがあったこともあるし、自分のクルマとして最後に乗ったのはレガシィだった。

加瀬さんとドライブの話はしなかったが、思想的、歴史的な話はよくした。とくに太平洋戦争の話はおもしろかった。草思社の本では鳥居民《とりいたみ》さんの太平洋戦争関連の著作が実におもしろいのだが、加瀬さんの出版人としての面目はここらあたりにある。

もし、日本のクルマが正常進化して正しい姿をしているとしたら、そしてそのことに『間違いだらけ』が少しでも貢献したとしたら、それは加瀬さんのおかげである。加瀬さんは私の書いたことについては100%支持し、バックアップしてくれた。私

の今日あるのは多分に加瀬さんのおかげである。

年はめぐって、再び『間違いだらけ』を世に問うときがきた。今私はもう一度、日本のクルマを見てみよう。そして新しい乗用車の価値を見いだそうと思っている。

加瀬さん、本当にありがとうございました。

第6章

趣味——食べること、オシャレ、タバコなど

敗戦後の貧しい日本社会に育った筆者はカッコイイもの、オシャレなモノに限りない憧憬を抱く。自他ともに「モノ好き」と認める著者が描く、好みのパイプ、ネクタイ、スーツ、カメラ……。徳大寺有恒の趣味の世界。

1960年代のイギリス車、ヴァンデンプラ・
プリンセスと著者。ADO16の姉妹車。
1986年3月、箱根での撮影。

その店の名は『ポピー』

［ダンディー・トーク 1989年刊］

「何があってもこいつを買おう」

横浜の元町という街を知ったのは、一九歳のときだった。

田舎から出てきた私は、東京というのは洒落た都会だと思っていたが、はじめて見た元町はさらに洒落ていた。外国人が多かったせいもあるが、とてもエキゾチックな街に見えた。

そこで、私は、生涯の自分の生き方を決定するような店に出会ったのである。

当時私は、学業よりはアルバイトのほうが忙しいような日々を送っていた。とにかく、なんとしても自動車が欲しかったのだ。

勤め先は、青山の洋書屋［嶋田洋書］だった。外国から送られてきた洋書をヴァンに積み（トヨタのマスターエースというクルマだった）、洋書の専門店やホテルのブックショップなどへデリヴァァリーするのが仕事だった。先輩に指導され、道順を教えてもらいながら、取引先の本屋をひとつひとつ覚えていくのが日課だった。

その日は〝横浜コース〟だった。元町にある高橋書店という本屋が、その日の最後の店だったと思う。

日がとっぷり暮れ、英語のイルミネーションがともる元町は、さながら外国の街のように見えた。

書店に積み荷を降ろしていた私は、ふと、隣にとても洒落た洋品店があるのを見つけた。

上品なショーウィンドウ。つつましやかで小さい入口。それでいて奥行きが深そうな、ちょっと秘密めいた店内。

まさにイギリスか、あるいはアメリカの東海岸にでもありそうな、歴史と伝統を誇る店といった感じなのだ。

足が、スススッと進みそうになった。

振り返ると、先輩は、まじめな表情で積み荷を降ろしている。

「ちょっと……」という感じで、頼む気持ちを込めて、目でお願いした。

先輩は「いいよ」とばかりに、やはり目で返事をよこした。

私は、喜び勇んで店に走った。

しかし、入口の前まで来て、立ち止まった。不意に気後れしたのである。私はGパンだったのだ。

あたかも店が「スーツ、ネクタイ着用の客以外お断り」といっているように見えたのである。もちろん、そんなバカなことがあるわけはないのだが、当時の私から見れば、きたないＧパンをはいている鼻タレ小僧がずかずかと入ってはいけないような、厳とした大人の格調を持った店のように思えたのだ。こういう店を大事にするためには、今、自分は入ってはいけないと、自分自身にいいきかせた。

そして、おずおずとショーウィンドウだけ覗きこんだ。

目を見張るような品ばかりだった。

とくに、一本の美しいネクタイが目を釘付けにした。紺と茶をベースに、そこに何ともいえぬ微妙な太さのグリーンが入った、惚れぼれするような見事なクラブタイだった。

「何があってもこいつを買おう」と、私は固く心に決めた。

そして、店の名前を忘れぬように、網膜の〝印画紙〟に焼き込むように看板をじっとにらみ続けた。

『ポピー』という洒落た英語の花文字が、その日以来、くっきりと私の脳裏にきざみこまれた。

私はずいぶん長い時間店の中にいたと思う

次の週、私は一張羅《いっちょうら》のブレザーを着込み、精いっぱいのおめかしをして『ポピー』へ出かけた。

店の前で櫛を出し、髪を整え、ズボンの皺を伸ばすようベルトを締め直して、ドアを開けた。

店員たちがやさしそうな視線を向けてくれたにもかかわらず、私の足は、初舞台に登った役者のように、コチコチに緊張して、なかなか前へ進もうとしなかった。

どの店員も立派な紳士に見えた。いずれも鬢《びん》に白いものが混じる年ごろの、外国映画に出てくる、貴族の館の執事のようだった。

そのうちの一人でも「何かご入り用ですか?」などと近づいてきたら、私は、恐れ多くなって逃げだしたかもしれない。しかし、彼らはみな礼節を守り、こちらから何かを求めないかぎり、客の自由と尊厳を保障するように〝心地よい無関心〟を装ってくれた。

店の中を眺める余裕が生まれた。

ほどよい空間を生かして上品に展示されたジャケットやパンツ。重厚なしつらえのウィンドウケース。クラシカルな棚に整然と並べられたシャツ類。そして壁に飾られた、西洋の古典絵画を思わせる格調高い絵。

何て素晴らしい店だ！　とため息が出た。それまで見てきた日本の洋品店とはすべてが違っていた。

「俺は一生、こういう店でものを買うんだ」と決意した。

私はずいぶん長い時間店の中にいたと思う。どれもが欲しいものばかりだった。しかし、その日用意していた金にはかぎりがあった。そして買うと決めてきたネクタイだけを一本買った。一七〇〇円。今の感覚で一万円ぐらいの値段だったと思う。大事に、抱きかかえるようにして店を出た。

アームストロング・シドレーに乗る紳士

その後、『ポピー』では、ずいぶんいろいろなものを買った。しかし、この一番最初に買ったネクタイがもっとも印象に残っている。その後、一〇年は使ったと思う。今でも同じものがあったら欲しいと思っている。

シャツもたくさんここでつくった。マクレガーのスイングトップを買ったときは本当に嬉しかった。ほとんどの品がオリジナルだったが、マクレガーの代理店も兼ねていたのである。

ある日店に行くと、入口に、一台のアームストロング・シドレーが停まっていた。

ロールス・ロイスほどではないが、往時のイギリスを代表する高級車である。その磨きあげられたボディのグリーンの濃淡が、店のエクステリアに鮮やかな彩《いろど》りを添えていた。

店に入ると、オーナーはすぐにわかった。ツイードの上下を見事に着こなした、カッコいい中年の紳士が、これまた趣味のいい品を次々と買っているのである。オーナーはその人以外には考えられなかった。中年の横顔が見えた。俳優の山村聰だった。何となく納得したものである。

『ポピー』にかぎらず、昔の元町には本当にいい店があった。どの店も東京にはない独自のものを売っていた。家具屋からアクセサリー屋に至るまで、すべてオリジナリティを大切にしていた。

オックスフォードという生地を使ってシャツやブラウスをつくっていた『フクゾー』、独特のセンスある靴屋だった『ミハマ』。今ではそれらも有名ブランドになったが、当時は、知る人ぞ知る、横浜だけの、横浜人の趣味に合わせた店だった。

もともとここは、横浜の山の手を意識した街だった。そこの高級住宅地に住む人々の、日用品を買う商店街として発達したのである。だから、高級ブティックの隣がお惣菜屋だったり、輸入家具店の横が駄菓子屋だったりした。そこがおもしろいところである。街の風景にメリハリがつくのだ。

そういう街並みに、アメリカ駐留軍の家族たちや、外国船の船員たちの姿が入り交じり、一種、国籍不明の〝植民地的〟華やかさがかもしだされていた。いつ来ても飽きることがなかった。

が、やがて大手の産業資本が入り、地元の資本を少し圧迫するようになった。店構えは、より洗練され、小綺麗になったが、ショーウィンドウから、オリジナリティのある品々がしだいに姿を消すようになった。そして、いつの間にか、東京と同じものが、どの店からもあふれ出ていた。

「俺の洋服術の原点を定めてくれた店」

『ポピー』も、往時の格調を急激に失っていった。

いわゆるブランドものが、わがもの顔で、店の隅々まで埋め尽くすようになったのである。アメリカやヨーロッパの一流ブランドが、そこに行けばすべてそろうようになった。しかし、それなら、私は東京でいくらだって買えたのだ。

「元町には縁がなくなったな」と思った。

それから長い間、『ポピー』に顔を出すこともなかった。

ある女性誌の撮影が横浜でおこなわれたとき、私は時間を間違えてずいぶん早めに着いてしまった。待ち合わせ場所の喫茶店でコーヒーをすすりながら、ぽっかり空いた時間をどう過ごそうか思案した。

ふと『ポピー』を思い出した。

それとともに、青春時代の甘酸っぱいような記憶が、ふわーっと体全体を貫いた。

久しぶりに『ポピー』の前に立つと、やはりここはいいなと感激した。

中に入ると、見事、往年の雰囲気と格調を取り戻していた。店員の風格も、三〇年前とそっくり同じだった。経営者が〝横浜人〟のブランドを思い出したのだな、と思った。

ウィンドウケースを覗くと、私を虜《とりこ》にした、あのはじめて買ったクラブタイと同じような見事な柄のネクタイがずらりと並べられていた。

思わず私は「ネクタイをください」と叫んだ。「これも、これも、その隣も…」

そして、嬉しくなって、それを全部友人たちに配った。

「どこのネクタイだ？」と、みんな尋ねた。

私は、おもむろに答えた。

「宣伝の嫌いな店なんだ。マスコミに紹介してもらうのもいやがる。だから名前はポピュラーではない。しかし、素敵な店なんだ。俺の洋服術の原点を定めてくれた店である。その名は『ポピー』……」

クルマにかっこよく乗るのは、本当にむずかしい

［ニューヨークを楽しんだあと、私はポルシェ959の試乗に向かった 1991年刊］

ロールス・ロイス・コーニッシュに乗るボウタイの男

今年の夏はとても暑かったが、その日も特別暑かった。その男はまっ白いドレスシャツにボウタイをしていた。それだけの恰好である。その男のクルマの窓はドライバーズシートの側だけ開けられていた。濃いシルバーメタリックのボディ、濃紺のトップ、開けられた窓からインテリアも見えたが、トップと同じ濃いブルーの内装だった。クルマは真新しいロールス・ロイス・コーニッシュである。

この暑い日に、と私はその男を見つめたが、その男、なぜか暑苦しそうではなかった。そのクルマと男の占める一角だけ不思議と涼しそうなのだ。男はタバコをやっていた。ときおり軽く煙を窓の外に吐いては渋滞の中を少し進む。ロールス・ロイス・コーニッシュは軽やかに走った。

こういうときは男が一人で乗っているからいい。横に美しい女性などいないほうがいい。一人でポツンとちょっと退屈そうに乗っているからいいんだ。今思い出しても

涼やかな光景だった。

東京というへんてこな街にロールス・ロイス・コーニッシュは、おおかたの場合似合わない。ただ乗っている人が金持ちそうに見えるだけの効果しかない。カンヌ、ニースを気取って湘南に行ったところで大差あるまい。わが日本という国はどうもむずかしいのである。ところが、くだんの男はそいつを東京で見事に着こなしているじゃないか。ことによるとエアコンディショナーが効かないか、オーバーヒートか、あるいは室内をタバコの香りで汚したくないのか。いや、野暮をいうのはよそう。とにかく私は〝アッ、この手があったか〟と思わされたのだから。

ブリストル405ドロップヘッドクーペの男

次はイギリスはロンドンで見た、クルマのある風景。

私はロンドンの宿はたいていメイフェア近くに取る。このへんはおもしろいクルマが右往左往しているので気に入っているのだ。そのクルマはロンドンの古いホテル、コノートの近くに駐車していたブリストル405ドロップヘッドクーペ。

相当のヤレ方である。トップには何カ所か穴が開いていたし、ボディのサビも年式相応である。しかし、よく見るとそのクルマのオーナーは、あながち修理代に困っているわけではないようだ。クルマそのものは姿がしゃっきりしているし、毎日調子よく走っていそうなのだ。無遠慮にも室内を覗きこむと、よさそうな傘が一本置いてある。内装はいわゆるビスケット色だ。これも革が相当ヤレているがいい感じだ。このクルマはレンガづくりのメイフェアのたたずまいによく似合っていた。そのためにここに置いてあるのではないかと思えるほどの風景である。この場合、このクルマが真新しくレストアされていたらと考えると、そいつはあまり似合わないなと思う。

古いクルマを使う。それはロンドンでもそう楽なことじゃなかろう。でもかっこいい。とくにそいつがオーナーとともに何十年かを過ごしてきたことを感じさせるコンディションのときは、なおさらだ。最近、私はあまりにも美しくレストアされたクルマを、少しばかり?付きで見る。確かに美しいには違いないが、それだけなのだ。そのクルマが一人あるいは複数のオーナーと過ごした年輪を、レストアは見事なまでに消し去ってしまう。

ブリストル405ドロップヘッドクーペはその点完全であった。その存在がアートとさえいえるものを感じさせた。数時間後、私が自分のホテルへ帰るべく、その前をもう一度通りかかったとき、何という偶然だろう。ブリストルはオーナーを得て、まさしく走り去らんとしていた。ごく普通のチョークストライプのスーツを着たオーナーは、とりわけかまえた様子も見せず、ブリストルのストレート6（そう、BMWライセンスによるストレート6だ）に火を入れた。ブリストルはとりわけ調子いいとも思えぬ音を出してはいたが、十分な加速でスタートした。

翌日、私は二度ばかり、ブリストルが駐車していた場所の前をとおったが、そこにはブリストルはなかった。そのメイフェアの一角が、何となく〝何かが不足している〟ように見えてならなかった。

BMW635CSiの男、エスハチに乗る編集者

再び東京に戻ろう。それは246号線、青山付近で見た、濃い目のグレーに塗られたBMW635CSiである。こいつは美しいがごく普通のクルマで、東京では数多く見かけることができる。しかしその男の乗り方は少し変わっていた。その男はショートカットのヘアスタイルで、肌をまっ黒に焼いていた。シャツはいわゆるタンクトップ、それも黒。いかにもチョウシコイタ風情でBMW635CSiに乗っていた。

その男のいかにも不良そうな、女に悪そうな具合がかっこよく見えた。外見だけでなく、実際にそうなのだろうが、それでもその男の運転はおとなしかった。けっして下品に流れることなく、ごくごくまっとうな運転ぶりであった。そのへんに彼の本当の姿が見えた。

一五年ほどまえ、私はしがない編集者だった。その編集部にその男はいた。彼は黄色いエスハチを持っていた。どこか遠くに住む彼は、毎日それで編集部に通っていた。

一五年前とはいえ、そのクルマはすでに一〇年以上経ているので、それなりにヤレてはいた。

彼の服装は夏はTシャツ、秋冬春の寒い日にはピンクのビッグチェックの分厚いCPOを着ていた。靴はスニーカー（こいつが実によく、いつも洗濯されていたっけ）かワークブーツ。くる日もくる日も、彼はこのスタイルで走っていた。それは彼のアイデンティティとなり、大いにかっこよかった。あるとき、多分友人の結婚式か何かだったと思う、その日、彼はチェックのスポーツジャケットを着用におよんだ。ボウタイを着け、下はコッパンという出で立ちであった。むろんクルマは黄色いエスハチだ。こいつがとてもカッコよかった。

クルマというものは、洋服というものは、こういうものじゃないかと思う。この男にかかると、クルマはクルマ以上のものじゃなくなる。こいつがいいと思えてしまうのだ。冒頭のロールス・ロイス・コーニッシュにしろ、四番目の黄色いエスハチにしろ、彼らは何となくやっているんじゃない。それはみな考えて、考えて、考え抜いてやっていることなのだ。男のオシャレというものは、そういうものだと思う。まったく考えずにやれる男もまれにはいるかもしれないが、多くの場合は考え抜いてやっていると思っていい。

私のような人間はどうすりゃいいんだ……

とりあえず、かっこいいクルマを選ぶ。しかし、そいつでコトは終わりやしない。そいつはスタートなのだ。フェラーリ・テスタロッサに乗っているからかっこいいと思っちゃいけない。多くの場合それだけではかっこ悪くなるのがオチなのだ。オープンカーはかっこいい、少なくとも目立つ。しかし、それだけでは何でもない。そいつをかっこよく乗りこなすためにはどうするかが問題である。

多くのユーノス・ロードスターが、オープンであるがゆえにかっこ悪く使われていはしないか。ロールス・ロイス／ベントリィ・コーニッシュも同じだ。

たとえばコーニッシュをオープンにするときは、どんなシチュエーションだろう。〝気が向いたとき、何気なく〟というやつだろうと思う。もし、そうだとしたら、あのトップをきれいに収納するカバーはやめておいたほうがいい。オープンにしたままで〝さア、オープンのロールスですよ〟という姿はけっしてかっこいいものじゃない。

コーニッシュのようなクルマほど、持っているだけ、乗っているだけではダメである。もっともクルマはこいつ以外知らないというものであれば、それはそれで大いにかっこいい存在だが。

レインジ・ローバーも同じで、こいつもカッコよすぎる。このクルマをただ持っているだけというのはちょっと考えものだが、さりとて、このクルマで何かするというのも大人気ない。少し泥で汚した風情を気取るなんてのはヤボというものだ。

私は自分の持っているレインジ・ローバーがむずかしいクルマだと実感している。そう遠くない将来、このクルマは日本でトレンドなる、いやな存在になること請け合いなのだが、それだけにむずかしくなりそうだ。ま、一九九〇年の今年は、このクルマでXマスパーティに出かけたりするのはいいと思う。舟に乗りに行く、乗馬に行くのもさまになろう。しかし、流行というやつに敏感な種族やOLなどが、座談会なんぞで〝あたし、レインジ・ローバーが好き〟などとやらかすともういけない。

ま、とにかく、クルマをかっこよく乗るというのはむずかしいものだ。結局、自然体がいいのだろうが、その自然体があまりかっこよくない私のような人間は、どうすりゃいいんだろう。

クルマに乗るとき何を着ようか

［フレンドリー1993年冬季号］

〝コンクール・デレガンス〟なる遊び

いつも述べるごとく、自動車というものはおもしろいものである。自動車で遊ぶ、一番はドライブであろう。そのクルマを走らせる、これが一番なのだ。しかし、自動車はそれだけにとどまらないところがおもしろいのである。

その昔（一九三〇年代）フランスを中心に〝コンクール・デレガンス〟なる自動車の遊びがあった。

これはクルマと人とのかっこよさを競う遊びであった。

流麗なクルマから降り立つ貴婦人、その美しさを競うのだ。

この当時、一部の金持ちや貴族はこのゲームに出るためにクルマを注文した。タルボ、ブガッティ、ドライエというフランスの高級車はほとんどローリングシャシーで顧客に手渡される。

顧客はあらかじめ決めておいたボディ屋、つまりカロッセリエにこのシャシーを持ち込んで好みのスタイルのクルマをつくるのである。ソーチック、フィゴーニ・エ・ファラッシ、アンリ・シャプロンなどのボディ屋さんは、客の前で華麗なスケッチをして見せて、〝こんなのいかがでしょう〟というようなやりとりをするのだ。ボディカラー、内装、すべてオーダーメイドである。

それができて、くだんのコンクール・デレガンスへおもむくわけである。

おもしろいことに当時のコンクール・デレガンスは2ドア車が多かった。おそらく2ドアクーペやドロップヘッドクーペ（デタッチャブル）のほうがスタイリッシュだったからだろう。

キチンと制服を着せてショーファー［お抱え運転手］に運転させ、御主人様は狭い後席に座る。そして、そこからエレガントに降りることを競ったのだ。

何てデカダンでスノッビィな遊びだろう。今どきこんなことをマジメにやったらそれこそお笑いだ。でも、当時はこれがけっこうおもしろい遊びだったのだ。

もはやオーダーメイドのクルマはもちろんのこと、オートクチュールさえ危ないというときだから、こんな遊びはもうできない。

しかし、この遊びはなかなかクルマの一面を表しているものだとはいえよう。

きょう日、いいクルマを買う人は多い。メルツェデスがその代表的存在だが、そのほかにもジャグァーやＢＭＷ、それにロールス・ロイス／ベントリィ、フェラーリなどという高価なクルマがまだ存在している。

クルマを男、あるいは女性のアクセサリーと考えると、これらの高級車をただ乗りまわすだけでは十分じゃないことは明白だろう。そのクルマをどう乗りこなすか、クルマ選びとともにこのことは実に重要なのだ。

ベントリィ・コーニッシュに何を着て乗るか

クルマにも昼間、ビジネスアワーに乗るものと夜のドレッシィなものとあるのだ。メルツェデスはやはり昼間のビジネスアワーのクルマだろうと思う。これに対し、ロールス・ロイスは夜を代表するドレッシィなものだ。

ロールス・ロイスでもコーニッシュとなると夜のパーティに行くのにはちとスポーティすぎる。リゾートエリアならいざ知らず都会でとなると〝いや、運転手君がチトぐずぐずしていてね、自分で乗ってきちゃいましたよ〟というノリでこないとかっこつかない。このへんは重要なところなのだ。

私はベントリィ・コーニッシュに乗るときはたいていスポーティなスタイルをしている。ウーステッドのスリーピースはなるべく避けたい。

できればGパンにネイビーブレザーというかっこがいい。あるいはシルクのシャツにスウェーターを頸に巻くというようなものが適当だろうと思う。

こうなると腕時計などを考えなければならない。少しクラシカルな、あるいは本格的なアンティークの少しスポーティなバセロンやパテックというところか。

逆にメルツェデスというクルマはビジネススーツがよく似合う。たとえばSLのようなスポーティなクルマでも、チョークストライプのジェントルマンが乗っていればそれなりに似合ってしまう。〝あァ、クルマ好きのエクゼクティブなのだナ〟と納得させられるのだ。

ま、この場合重要なのは靴で、しっかりとしたイギリス仕立ての紐結びの靴にしてもらいたいと思う。

話は少し横道にそれるが、日本のエクゼクティブは多くスリップオン型の靴を履いている。多分、そのほうが楽だということなのだと思うが、スーツには紐結びの靴を選んで欲しいと思う。

アンバランス、ミスマッチを楽しむのもいい

ジャグァーはどんな服かというと、これはツイードだろうと思う。

ウィークデイにツイードの服を着られる人のクルマといってもいいと思う。少なくともビジネスマンとは少し違う、もう少々自由のきく仕事をしている人だろう。

ヘリンボーン（杉あや）のスリーピース、これはいかにもスポーティな装いである。

こういうときの鞄はピッグスキンあたりの革を使った少しスポーティなものがいいだろう。

靴はこれまたイギリスで、茶のベロア、つまりスエードとか、もう少しラフにバックスキンのヤツもいいと思う。

こうして、クルマを着こなすのである。クルマはこの場合、少々高価なアクセサリーとなる。

クルマを似合わせる最後の手段はオーソドックスを知り尽くしてから、それを少し崩すことだろう。

ちょっとアンバランスを楽しむ、これもかっこいいことだ。

たとえばレインジ・ローバーでパーティに行く、ディナージャケットを着用し、しかるべき女性を供につれてレインジ・ローバーで行く、これはなかなかかっこいい。同じようにスポーツカーで行くのもかっこいいミスマッチだろう。この場合フェラーリもいいが、モーガンとかスーパーセヴンというううんと野蛮なヤツで行くほうがいい。そのほうがかっこいい。

そこまで行くならいっそのことモーターサイクルで行くのはどう、こいつはキマる。ブティックスーツでゴーグルなどつけてパーティ会場へ。〝いやァ、オートバイは寒い〟とか何とかいいながら駆けつけたらさぞかっこいいだろうな。

長嶋茂雄バンザイ

［ダンディー・トークⅡ　1992年刊］

私はプロ野球が好きなのだ

私がプロ野球が好きだというと、たいていの人は驚く。日常生活で野球の話をすることはあまりないし、したとしても、たいてい悪口ばかりいっているから、かなり親しい人間でも、まず、私は野球が嫌いなものと決めてかかっているらしい。

しかし、私はプロ野球が好きなのだ。

ただし正確には、好きだった……という過去形のいい方が正しいかもしれない。もっと正直にいえば、長嶋茂雄が好きだったのである。あんまり長嶋が好きで好きで、惚れて惚れて、愛し抜いていたから、彼の抜けたプロ野球を語るのがいまいましいのである。

長嶋がいたころのプロ野球に比べれば、今の野球はドラマもなければ興奮もない。つまらない、くだらない、情けない。……と、こう老人の繰り言のようにつぶやき続けていたから、いつの間にか、私は野球嫌いに思われてしまったらしい。もっとも、現在のプロ野球を応援している人たちにいわせれば、やっぱり私のいっていることは、センチな中年のタワゴトなのだろう。長嶋は、すでに過去の人になりつつあるからだ。しかし、私にとって、長嶋茂雄は私の青春のすべてだったのである。

長嶋茂雄のプロ野球デビューは、昭和三三年［一九五八年］、セ・リーグ開幕戦がおこなわれた四月五日だった。巨人―国鉄の第一回戦である。

この日、大学一年生になった私は、偶然にもそのネット裏にいた。

今となっては、なぜ、そんな切符が手に入ったのか覚えていない。しかし、それは私にとってとても貴重な切符だったと思う。手に入れたときの有頂天になった気分は、いまだに心の奥に熱気のように残っているからだ。

ネット裏のすぐ前は記者席だった。そこでは多くのジャーナリストが、立教大学から鳴り物入りで巨人に入団してきたゴールデン・ボーイのデビュー戦を取材しようとひしめいていた。

ここに至るまでの長嶋は、すでにオープン戦で派手なヒットを打ちまくり、大型新人ぶりをいかんなく発揮していたから、公式戦に初登場する長嶋は、記者たちの注目の的だった。その活気ある記者席の空気が、私のいるネット裏まで包み込み、まわりは異様な熱気に満ちていた。

巨人のピッチャーは藤田元司だった。試合前、ブルペンで藤田が投げはじめると、前の記者席から、「速いなぁ！」とどよめく声が聞こえてきたりして、私はすっかりナマの試合を見る迫力に興奮していた。

相手側の国鉄のピッチャーは、あの金田正一だった。

この日の金田のピッチングはものすごい気迫に満ちていた。彼もまた、今日の試合の焦点が、話題の新人長嶋と自分との一騎打ちだと思っていたのだろう。そのみなぎるファイトが、ネット裏の私のところまで、炎のように降りかかってくるほどすさまじかった。

その日以来、一生応援してゆこうと思った

一回裏。金田は、まず与那嶺を三振に討ち取り、次の広岡も三球三振にしとめて、マウンドの上で堂々たる余裕を見せ、三番長嶋がバッターボックスに立つのを待った。

やがてスタンドが割れんばかりの大歓声に包まれた。長嶋の登場だった。

金田の左腕から繰り出されたボールは、弾丸のように長嶋を襲った。

空振り。

しかし、長嶋の振りもすさまじい。これまた金田の剛球に負けない火を噴くようなスイングである。早くも、力と力のまっこうからのぶつかり合いという様相を呈しはじめた。

二球目は内角膝元にストライク。長嶋の悔しそうな気分が、バッターボックスに立つ彼の背中を通して伝わってくる。

三球目は、確か内角高めのボールだったと思う。その球で、彼は完全に体を起こされた。

そして四球目。

同じコースを飛んできた快速球に、長嶋のバットはすさまじい勢いで回りながらも、空を切った。

この日、長嶋は四打席ともすべて金田に三振に討ち取られた。私は、長嶋のヒットを期待していたが、逆にそれがなくとも興奮していた。すさまじい勝負を見たと思ったからだ。

もちろん金田は全部ストレート。そして長嶋も、小器用に当てにいったりせず、金田の直球に合わせてビュンビュン振りまくった。気持ちのいい勝負だった。

金田はさすがに大きく見えた。もちろん飛びきり背の高い選手ではあったが、長嶋を四三振にしとめた自信が体からあふれてきたのか、マウンドに屹立した巨大な凱旋門のようだった。

しかし、その金田に立ち向かっていった長嶋の負けっぷりはもっとカッコよかった。四打席目などはもうフォームもバラバラで、ダンスを踊っているようなスイングだったが、それでも一途さが全身にみなぎっていた。おそらく、後年「三振した仕草ですら人を魅了する」といわれた独特の魅力が、このときすでに備わっていたのだろう。

絵になる選手が現れたなぁ……と、私は思わずため息をついたほどだった。

その日以来、私は、四つほど年上の、この巨人軍の新人を一生応援してゆこうと思ったのである。

まさに野球の神だったのかもしれない

長嶋の魅力って何だろう？

私は三〇年近く彼を応援してきていながら、いまだにうまい言葉でいい表せないでいる。ただただ見ているだけで心が温かになってくるのである。いまだにテレビのCFに出てくる長嶋を見るだけで、ついつい嬉しくなって、画面に向かってオーッなんて声かけてしまう。

〝絵になる〟……おそらく、そういうことなのだろう。

プレイヤー現役時代の長嶋は、まさに一挙手一投足が素晴らしい絵を構成していた。たとえ併殺打を打って一塁に駆け込むときですら、観客を沸かせる走りっぷりだった。

ましてや、そのフィールディングたるや、華麗といおうか、鮮やかといおうか、とにかく人間の動きを超えた神の妙技だった。

神といえば、まさに彼はグランドに降り立った野球の神だったのかもしれない。その無垢さ。天衣無縫さ。屈託のなさは、すでに地上の人間のものではなく、神の世界の天真爛漫さだった。

現役時代の、長嶋の人間離れした天衣無縫さを語るエピソードは山のようにある。

たとえば、ロッカールームで、片足に両方のソックスを二枚重ねて穿いたまま、「片方のソックスがない！」とさわぎだす話。あるいは試合後に、駐車場に停めておいたクルマが盗まれたと大騒ぎして、警官まで呼んで捜索を開始させながら、「そうか、今日はクルマに乗ってこなかった！」と思い出す話。この手のユーモラスな失敗談は数かぎりがない。しかしそれらのすべてが、ますます長嶋というキャラクターの輝きを増していった。

あるいは、ホームランを打ったあとの談話で、ある記者が「シュートでしたね」と尋ねると、長嶋は「そう、すごいシュートだった」と答え、別の記者から「あれはスライダーではなかったですか？」と尋ねられると、すかさず「うん、いいスライダーだったね」と答えたというおおらかさは、長嶋ならではのものとしかいいようがない。取材した記者たちは、みな笑いをこらえながらも、その天真爛漫さを讃えた記事で紙面を飾ったという。

それでいて、彼は自分の技量には絶対の自信を持ち、プロとしての矜持《きょうじ》を捨てることはなかった。

記憶が定かではないが、ジャイアンツが日本シリーズで西鉄と対戦し、三連勝のあと三連敗で七戦目を迎えたことがあった。

巨人は先行していた試合を同点にされ、試合は緊迫した空気に包まれていた。西鉄の打者の打った打球が強烈に長嶋の右を抜いた。

記録はヒット。

しかし、ここで長嶋は三塁の塁審の胸ぐらをつかまんばかりの猛烈な抗議を開始する。珍しいことだった。

長嶋は、今のは絶対ファールだ！　というのである。

その理由は、

「俺は、いまだかつて右を抜かれたことはない」

いいセリフである。

プロの矜持とはそういうものである。

〝長嶋シフト〟だけは完成できなかった

彼の野球は、常に一般の野球選手のレベルを超えて、神の奇跡に近いものを実現した。普通の人間に読み切れない独特の勘の冴えがあったのだろう。

プロ野球というのは同じ対戦相手とずっとゲームを続けるから、当然データをもとに敵の研究をする。たとえば、打者の打球の飛ぶ方向を確率計算し、それに合わせた守備陣形を考えたりする。

広島の考えた〝王シフト〟などがそれだ。王の打つ打球がほとんど右に飛ぶことを考慮して、内外野の守備位置を極端に右寄りに変えるなどという作戦がそれに当たる。

これはかなり効果があり、その後中日も、日本シリーズのときは阪急も王シフトを採った。

しかし、どのチームも、ついに〝長嶋シフト〟だけは完成できなかった。長嶋は相手の守備位置などには関係なく、ときには打席の位置を変え、ボール球でも手を出し、自由自在に守備の隙間を見つけて打ち込んできたからだ。どんな困難な状況に遭遇しても、追いつめられれば追いつめられるほど不思議な力を発揮するのが長嶋だった。

敬遠の四球のボールを、飛び上がって大根切りにしてホームランにしてしまうなどは序の口。緊迫した大試合で絶体絶命のピンチを迎えても、長嶋一人でひっくり返してしまうなんてのは日常茶飯事だった。

九回一死までノーヒット・ノーランに抑え込まれ、ナイン全員が萎縮してしまうような試合で、コツンとあっけなくヒットを打ってしまうのが長嶋ならば、先発全員安打などという楽勝ケースで、一人ノーヒットで終わったりするのも長嶋なのである。

何をやっても目立つのだ。常に話題の中心にいる男だった。

長嶋と王、西郷と大久保

しかしある私の知人は、長嶋は今は人気を保っているものの、次の時代の人々の記憶には残らないだろうという。

なぜかというと、歴史に残るのは結局〝記録〟であり、長嶋がどんなに活き活きとグランドの上で活躍したとしても、それを目の当たりにした人々が消えていけば、記録に残るほどの成績を残していない長嶋はやがて忘れられていくだろうというのである。たとえムービーフィルムとして長嶋の華麗な活躍ぶりが絵に残ったとしても、その活躍がスタンド全体を沸かした熱狂までは後世に伝わらないというのが、その知人の意見だった。歴史に残るのは、たとえば八六八本のホームランを打った王であり、四〇〇勝した金田だというわけだ。確かに一理あると思った。

だが、本当にそうだろうか？

私は、巨人の黄金時代を築いた長嶋と王のことを考えると、なぜか明治維新を達成した西郷隆盛と大久保利通のことを思わざるをえない。

あの二人の役割分担は絶妙で、西郷が倒幕のシンボル的存在となり、薩摩・長州軍の表の総大将だとすれば、裏で、倒幕、新政府樹立のシナリオを書いたのが大久保だった。

では西郷は何をしたかというと、ただ倒幕側勢力の人気を高めるために、さまざまな人に会い、談笑し、人間的魅力で味方に引き入れるようなことをやっていたに過ぎない。そのあいだ、大久保は政治工作を続けながら、具体的な新政府の組織づくりを計画していたわけだ。そういった意味では、歴史に記録される業績を残したのは大久保のほうだったのである。

しかし、百年たった今はどうだ。やはり、明治維新のシンボル的存在は依然として西郷隆盛ではないか。彼は、歴史に残る記録としてはほとんど何も残しはしなかったが、庶民に愛されたという伝説の圧倒的な蓄積で、今日まで親しまれ続けている。

長嶋もまたそうだと思う。彼は打率、打点、ホームランなどで、球界記録の頂点を飾るような成績を一つもおさめていないが、ある一時期の日本人全体を熱狂させたという伝説で、きっと後世まで名をとどめていくはずだ。

みんなが好きになってしまう人、長嶋

人に好かれる。こいつは努力だけでは達成できないものだ。どんなに才能があり、どんなに努力しても「人に好かれる」という〝特技〟だけは、その資質が備わっていない人間でないかぎり身につかない。

これは、あるスチュワーデスの人から聞いた話だが、長嶋が飛行機に乗っていると、スチュワーデスからパーサーに至るまで、クルー全員が、フライトの終わるまでには彼のことを好きになってしまうというのである。明るく、陽気で、スチュワーデスにもの一つ頼むにも、本当に楽しくなるような気の遣い方をする人なのだという。

会った瞬間から人を好きにさせる。そういうキャラクターをもった人間というのはそう滅多やたらといるもんじゃない。かつての田中角栄はそうだったというし、古くは豊臣秀吉がそうだったともいう。角栄と秀吉はそれを権力奪取に使ったが、長嶋はそれとはまた無縁なだけに、さらに不思議な大きさを感じさせる。

私は、かつてまだ若くて食えないころ、講談社の「チェックメイト」の契約編集者をやっていたことがある。そのときの編集長はコチコチの阪神ファンだった。というよりジャイアンツ憎しで骨の随までゴリゴリに固まったアンチ・ジャイアンツだった。

その人が、「長嶋だけは別……」といったのである。それは、一度長嶋に会ったからだという。会うまではその人も、他の巨人ナイン同様に長嶋もにっくき男の一人に過ぎなかった。それが会ったとたんに惚れてしまったというのである。

そういう話を聞くのが大好きで、私は、長嶋に会ったとか友達だとかいう人がいると、すかさず「長嶋さんって、どんな人？」と子供のように夢中になって尋ねてしまう。

掛布君などはそういう私の〝被害者〟で、彼には会うたびに「おい、長嶋さんの話をしろよ」と迫っているから、彼としてはたまったものではないかもしれない。それでも掛布君はやさしいから、何度も何度も同じ話をしてくれる。

掛布―長嶋の大好きな話

とくに気に入っているのは、掛布君がデビューしたときのオープン戦の話。

彼は阪神のテスト生として入団し、めきめき頭角を現してすぐにレギュラーの地位を獲得していったのだが、その彼が、巨人とのオープン戦で二塁打を放ったときだった。

まだ若く、元気はつらつとしていた彼は、ゆうゆうセーフの二塁打で満足せず、さらに三塁を目指す。なぜなら、そこに「憧れの長嶋さんがいたから……」だという。猛然と滑り込んだ彼に、名手長嶋は見事なタッチ。結果はアウト。

しかし彼は、「あー、俺は本当にプロの野球選手になったんだなぁ。あの憧れの長嶋さんが俺にタッチしたんだ……」と思って、感激で言葉も出なかったという。

私はその話が好きで好きで、掛布君に会うたびに同じ話をさせた。すると彼は「徳さん、またですか……」という苦笑いを浮かべながらも、いつもと変わらぬ感激たっぷりの口調で話してくれる。彼もまた、長嶋茂雄が好きで好きでたまらないのだろう。

その掛布君が、こんな話をしてくれたことがある。

「ねぇ徳さん。プロ野球の世界では長嶋さんほど偉い人はいないんですよ。確かに長嶋さんより実力のありそうな人はいっぱいいるけど、本当は、長嶋さんが何か一言いえば全部それがとおるんです。ただしあの人は、それをしない人なんです。めったにいわないけれど、もしいったら全員がまとまるんです」

ふぅーん、そうか……。私はなんだか納得したようにそれを聞いた。長嶋茂雄という人は、きっと他人に命令したり、人を支配したりすることが嫌いな人なのだろう。私はそれを聞いて、ますます長嶋という人に一度会ってみたいものだなと思った。

私は一度だけ、千葉の長嶋の生家というのを訪れたことがある。仕事で佐倉に行ったときだ。

仕事が終わって一息ついたとき、私を招待してくれた人が、「何かお望みのことはありませんか」と尋ねてくれたのである。

私は「何もないけれど、一つだけわがままを聞いていただけるのなら長嶋茂雄の生家を案内してくれませんか」といった。

それならおやすい御用ですとばかりに、その人は私を案内してくれた。

小さな家だった。今は誰も住んでいないのか、周囲はひっそりと静まり返っていた。

私は、その家の前で、おそらくバットの素振りなどをしていたであろう少年の長嶋茂の質素な家を見ながら不思議な気持ちになったものである。私はその質素な家を見ながら感慨にふけった。いったい何がこんな天才をつくったのか。私はその質素な家を見ながら不思議な気持ちになったものである。

長嶋と戦ったスーパースターたち

今思うと、あの長嶋が活躍したころのプロ野球はすべてが光っていた。長嶋が光源となり、その光を受けて、彼のライバルたち全員が華々しい光を反射した。村山、江夏、平松、星野……。一時期のセ・リーグを代表する投手たちは、みな長嶋、あるいは王を倒すことに全力を費やしたため、また、彼ら自身の栄光をも築き上げてきたといえる。

四〇〇勝という、前人未到の記録を成し遂げた偉大なピッチャー、金田正一はこういっている。

「巨人に勝たないかぎりスポーツ新聞の一面には載らない。だから、どんなに疲れていても巨人戦には歯を食いしばった。巨人戦独特の大観衆の歓声。それを背中に浴びながら投げることが醍醐味だった」

その金田が乗っているメルツェデス・ベンツ300SEクーペを一度路上で見かけたことがある。ボディはライトブルー、トップは紺、内装も紺。

当時の感覚でいうと、300SEクーペを所有するなど、まさに自家用のヘリコプターを持っているようなものだった。

その豪華なメルツェデスの助手席に、金田は王者のように傲然と座っていた。トレーニングの帰りだったのかもしれない。首に巻いた黄色の分厚いタオルが神々しいくらいにまぶしかった。

すげぇなぁ……。私は、そのスーパースターの貫禄に圧倒される思いだった。熱烈な巨人ファン、また長嶋ファンであった私にとってはにっくき〝敵〟であったが、そのふてぶてしいまでに威圧感のある風格は、見事なまでに豪華な300SEと合っていて、実にカッコよかった。

今、こういうスーパースターの片鱗を匂わせる選手はいるだろうか、と探してみると、やはりなかなか思い浮かばない。

桑田はかなり贔屓にしている

わずかに認められるのは、かつての江川と、現在の近鉄の野茂、巨人の桑田［いずれも当時］である。

とくに桑田は、個人的にかなり贔屓《ひいき》にしている。

すると、また知人たちからは「意外ですねぇ」といわれるのである。かなり桑田の評判はよろしくない。

私はいったいなぜだ？　と逆に腹が立ってくる。

確かに、一時桑田は不動産のトラブルでマスコミをにぎわせたことがある。すると、とたんに彼の野球人としての才能とは別のところで非難がはじまる。

そういう論調に接するたびに、私は彼らが何か勘違いをしているんじゃないかと思えてしかたがない。そういう連中は、本当にプロ野球というものを知らないのだろう。彼がグランドの上で天才的なピッチングをすることと、私生活で少し金を儲けようとあくせくしたことは全然違う次元の話なのだ。私たちは、彼の見事な投球術を見るために金を払っているのである。そして桑田は、それにはちゃんと応えている。ならばそれで十分ではないか？

極端な話、選手は犯罪を犯したり人に迷惑をかけないかぎり、グランド以外で何をしたって自由なのだ。浮気をしたって、飲み屋のホステスさんに大金を貢いだって自由なのである。

ところが日本のマスコミは、野球選手の私生活まで清廉潔白《せいれんけっぱく》、秩序遵守《じゅんしゅ》という生きざまを強要しすぎる。それじゃ豪放磊落《らいらく》なプレイヤーは生まれはしないだろう。

私は、プロ野球は好きだが高校野球が大嫌いである。

それも同じ理由で、日本の高校野球はとにかく純真だとか、清潔だとか、やたら精神主義的な部分を振り回しすぎるからだ。

負けたチームの子供たちが、甲子園の砂を泣きながらかき集める。するとテレビも新聞も「見よ、この子たちの純真な気持ちを！」とばかりにクローズアップする。バカをいっちゃいけない。そんなものを報道して何の価値がある！　そういうお涙ちょうだい風のセンチメンタリズムが支配するかぎり、日本のスポーツジャーナリズムは、永久に、大人の男が読むに足る本物のスポーツドキュメントを生み出すことはできないだろう。

この高校野球がはじまる八月は、一年のうちでもっとも私にとってつまらない季節になる。不幸なことに、この時期は、スケジュールの関係で私の仕事休みに当たることが多い。少ない休日を利用してちょっとした国内旅行をすることもある。

するとどこへ行っても、日本国中テレビは高校野球なのだ。

レストランに入れば高校野球、喫茶店に入れば高校野球、ホテルでテレビをつければ高校野球、夜のスポーツニュースも高校野球。

なぜ日本国内中、全部高校野球にうつつを抜かさねばならないのか。考えるだけで私は腹が立ってきてしまう。しかもＮＨＫのテレビなど見ていると、負けたチームの応援団の少女が泣いていたりするところを好んで大写し。それも決まって可愛い子。視聴率を稼ぐためのＮＨＫの小細工としか思えない。

高校野球の青少年の純粋さに価値があるというのなら、私にはプロの選手のほうがよっぽどピュアに思える。

日本人は金を儲けるというだけで、ピュアじゃないという妙な先入観を抱きがちだが、自分の技量で金を得るということが、いかにストイックな修練を必要とするか、日本人はもっと自覚的になったほうがいい。プロはお客を楽しませるために、恐ろしく高度な技量を習得し、かつ大変なリスクも背負って生活しているのである。

だから朝日は気に入らないが、読売も報知も嫌いだ

だから、プロ野球と高校野球の報道量に差をつけるとしたら、断然プロ野球のほうを優先するのが正しい。朝日新聞はそうではない。高校野球開催の時期は、日本人の夏のスポーツはそれしかないとばかりに優先する。のみならず、高校野球をやたらイデオロギッシュに美化する。

記事全体のレベルも高く、記者の文章も一番うまいのは認めるが、朝日に対して気に入らないと思うのはそこである。

もっとも、長嶋を追いだした読売新聞も嫌いだし［監督解任劇のこと］、報知新聞も嫌いだ。新聞の内容の評価とは別に、もうそれだけで、私は読売の購読をやめた。そしてそのとき以来、チームとしてジャイアンツを応援するのもやめた。

次に再び読売と縁を結ぶことがあるとすれば、それは読売が、もう一度長嶋茂雄に

ユニフォームを着せたときである。

こういう、私のような〝長嶋コール〟は、きっと巨人にしても、読売にしても迷惑なことかもしれない。

しかし、長嶋はそれだけの価値のある男なのだ。あんなに日本のプロ野球をおもしろくさせてくれた男はいない。

ユニフォームを着た長嶋を見ることができなくとも、コマーシャルに登場するニコニコ顔のチョーさんがいるかぎり、私は相変わらずTVの画面に向かってエールを送り続けるだろう。

[新そば 80号]

そばと青年

ソバは好きだが、ソバ通になるのは嫌だ

麺が好き、ソバが好き、うどんが好き、パスタが好き、とにかくこの種の食物はすべて好きなのである。

率直にいって、旨いものはいいと思うがソバに関してもあまり〝通〟になるのは嫌だ。旨けりゃいいのであって能書きは不要だと思っている。

香り、歯ざわり、このへんは必要だろうと思う。汁はアマくないほうが好み、こうなると昨今ソバも高級になる。

別にソバが高級になって悪いとも思っていないが、何となくソバというと庶民の味方のように思ってしまう。だからソバ通が嫌いなのかもしれない。もっとも私は食通というものすべてが好きじゃない。

そんな食通を気取る人が寿司屋のカウンターを予約したりする。嫌だネ、まったく、カウンターを予約してどうなるかってんだ。

ま、いいや、ここは問題はソバなのだから、高級なるソバ屋はま、いいとしよう。少々の能書きもガマンしよう。いい古い蕎麦猪口を飾ってあるのもいたしかたないとしよう。そういうソバ屋さんがあってもいい。しかし、多くは気軽にやれる店でいて欲しいと思う。私はソバが特別安いものでなくてもいいと思うし、高級でもいいと思うけれど、その一方でゲタ履きで行けるような店もなくなって欲しくないと思っているのである。

寿司も、天ぷらも、そしてソバももとはといえば大衆的な食いものだった。そいつが高級になるのも時代だと思うが、かつてどうであったかも忘れないで欲しいと思うのだ。もう一五年以上も前になるだろうか、当時、私は貧乏なもの書きだったが、ある雑誌の編集部で知り合った長野出身の青年と仲よくなり、その男の案内で夏、女房と連れ立って松本、大町あたりにドライブすることになった。

ソバというと思い出す青年

さすが本場だ、高級な店があった。しかし、私がこいつはいいと思ったのは大町の駅前のソバ屋さんだった。冷たい井戸水で洗ったソバはシャキッとして大いに素晴らしかった。

二日目か三日目、くだんの青年はだんだん私の好みがわかってきたらしく、その日は村の保養所へ行こうといい出した。

そこは温泉が湧き、多くの村人たちがゆっくりとくつろいでいる。老人たちが多く、妙に都会めいた私たちは浮いた存在だった。それでもゆっくりと温泉につかり、大いにリラックスしたのだが、ここでソバが食えるという。

〝じゃ、いっちょうやっつけるか〟ということになって私たちは食堂へ行った。

そこで出てきたのはまっ黒なソバ、そしてほとんどつなぎも使わぬというプリミティブなものだからブツブツと短く切れ切れになっているというやつだ。

そしてソバ好きじゃない女房はこの原始的なソバを前にして相当たじろいでいる。

しかし、われわれの前にそのソバが現れるや何と芳しい香りだこと。

ツルツルならず、ややぼそぼそとした歯ざわりのそのソバは大変旨かったのである。ややや汁がアマい、こいつはないものねだりというべきだろうか。

とにかく、相当に旨く、たっぷりと盛り付けられたソバはすっかり平らげられたのである。

驚いたことにソバ好きじゃない女房までも旨がっているのである。

ま、旨いものというものはそういうものだろうと思う。

以来、私はソバというとこのときのことを思い出す。

そして、もう一つ、その長野出身の青年のこと、彼は長野の出だが、とりたててソバを好きという人間ではなかった。しかし、彼は私に旨いソバを食べさせようと熱心にソバ屋を探してくれたのだ。

ソバも旨かったが彼もいいヤツだった。

ライカで撮った
モノクロ写真が好きだ

［ダンディー・トーク　1989年刊］

最初のカメラはツァイス・スーパーセミイコンタ

知る人ぞ知る、といっても知っている人は少ないが、実は、私は大のカメラ好きなのである。

一番最初に手に入れたカメラは、父にもらったツァイスのスーパーセミイコンタ。中学生のときだった。ブローニーサイズのフィルムで16枚撮れる、いわゆるセミ判といわれるカメラで、戦前につくられたものだが、ドイツ製品らしい、精巧で頑丈なつくりだった。

このカメラを下げて、当時水戸にいた私は、休みになると東京へ通った。行き先は外車ディーラー。琴平町［現在の港区虎ノ門一丁目］のポンティアック、赤坂の日英自動車、ニューエンパイアモータース、そこらあたりをくまなく回って、MGA、オースティン・ヒーリー100など、憧れのクルマを撮って帰ってくる。家の中で、好きなクルマの写真を机いっぱいに並べ、次は何を撮ろうかと考える。

そんなふうにして、私の中学時代は過ぎていった。

一番写真に熱中したのは高校時代。

自動車も好きだったが、残念なことに、高校には自動車好きの仲間がいなかった。自然、写真のほうに興味が集中した。もちろん、クラブ活動は写真部。自動車も撮ったが、それに負けないくらいの情熱で、女性も撮った。撮影してから暗室に入って現像し、上がってくるまでのワクワクする瞬間が好きだった。

今は、さすがに現像まではしないが、暇を見つけてはチョコチョコ撮影に出かけたり、しばらく使っていないカメラの掃除をしたりして楽しんでいる。蒐集《しゅうしゅう》する趣味はないのだが、気に入った機種はついつい買ってしまうので、カメラがやたら増える。ライカのM3、M4、M5。それ以前のモデルとしてはⅢfなど、ライカだけで七台ほどになった。そのほかローライが一台、ニコンのSPとFが一台ずつ。

一番気に入っているのはライカのⅢf。これは高校時代からの憧れの機種だった。今はそれほど高いものではないが、私の高校時代では、一〇万円でも買えなかった。もっとも、戦前日本に入ったライカのB型、C型などというのは家を一軒買えるほどの値段だったから、今は安いものだ。最新のM6だってレンズを付けて四〇万ほどか。犬小屋だって、上級クラスのものは買えない。

カメラとクルマ、日欧の違い

ところでこのⅢｆ。何といってもカタチがいい。

これを眺めていると、世の中に完璧なデザインというのもあるもんだとつくづく思う。このあとに出たM3、M4、M5などよりも美しい。自動車でいえばブガッティ35B、あるいはフェラーリ250GTSWBといった車種に共通するような美しさだ。

つまり、手作りの製品ではもちろんないが、かといって完全に工業化された大量生産品とも違う、ちょうどその中間あたりの製品が持つ独特の味わいがあるのだ。工業製品の信頼感あふれるシャープさと、クラフトマンワークの温かみが微妙に混じりあったよさだ。

こういうカメラには、もちろんオートフォーカスなどといった技術はない。自動露出、シャッタースピードの自動設定などといった、日本のカメラが競って投入するようなテクノロジーはない。にもかかわらず、この古いライカは、何ともいえぬ味わい深い画像をつくりだす。現在でも、ライカは、オートフォーカスを導入していない。必要ないと判断しているのだろう。

エレクトロニクス・テクノロジーの粋《すい》を集めて、シャープな映像をつくりだす日本のカメラと、オーソドックスなメカニズムを熟成させて味のある絵をつくるライカ。この関係は、どこか日本車と欧州車の関係を彷彿させる。それはそうだ。工業製品は、その社会の反映だ。カメラに起こっていることは、自動車にも起こっていて当たり前だ。

今のところ、エレクトロニクスの塊である日本車は、まだ欧州の高級車の牙城に迫ってはいない。しかし、日本車が頂点に立つ日は必ずくると、私は思う。日本のカメラが頂点に立ったようにである。しかも、その日は近い。

ただ、いくら頂点に立っても、日本車は永遠にフェラーリにはなれない。メルツェデスにも、BMWにもなれない。それは、日本のカメラがライカになれないのと同じことだと思う。

それでいいではないか。日本車が欧州高級車の持っている価値観をくつがえすことはできなくても、別の新しい価値観をつくることはできるのだ。

現在、私は、日本のフルオートマチックカメラの持っている自動焦点、自動露出といった機能を必要としていない。写真はあくまでも趣味だ。ファインダーを覗き、焦点を合わせることに格闘し、シャッターの感触、フィルムを巻き上げるときの感触を楽しんでいる。失敗しても、それも愛敬だ。

私はそれでいいと思っているが、中には精巧なエレクトロニクス・テクノロジーのもたらす正確さを写真の生命だと思う人もいるだろう。それも否定しない。世の中には、いろいろなカメラがあるからいいのだ。

モノクロームとカラー

私がライカを選ぶ理由の一つは、モノクローム写真が好きだということもある。ライカに付いているレンズはどれも、モノクロームの映像に、実にいい味を出す。日本のレンズだと、黒なら黒一色でつぶれてしまうところを、このレンズは微妙なグラデーションで描き分ける。カラーで撮ったときよりも、さらに雄弁に被写体の陰影を浮き立たせる。

人間は、誰もモノクロームの世界を肉眼で見ることはできない。逆にいえば、人間は写真を見ることによって、はじめて白と黒だけで成立する、不可思議にも奥行きの深い、微妙な世界を知ったことになる。陰影だけで成立する映像は、ときとしてカラー以上に、ものの本質をずばりとつかみとる。

昔のハリウッドやフランスのギャング映画はすべてモノクロームだった。モノクロームであるがゆえに、犯罪と正義の相克の中で葛藤する男たちの哀切感をクールに描き出していたように思う。

ハリウッド製のギャング映画は、明るい活劇をメインに、ときには教訓話めいた正義の勝利を謳いあげたものが多かったが、それでも男の粋な生きざまをよく表現していた。

フランスのギャング映画は、やたら正義感をふりかざしてはいなかったが、身の破滅を知りながらも、なおかつ行動せざるをえない男の哀しみをよく描いていた。そういう洒落たギャング映画も、カラーが普及してからはなくなったような気がする。

現在あるのは、ギャング映画ではなく、犯罪映画だ。犯人の犯行をリアルに描写するようなシーンは、確かにカラーのほうが説得力がある。黒い血が流れるより、赤い血が飛び散ったほうがインパクトが強いのは当然だ。

しかし、犯行がリアルになったぶん、犯行の美しさ（?）も失われた。

きっとモノクローム時代の監督は、色で説得できない部分を、人間の表情や動作、絵の全体の構図で補おうとしたのだろう。その努力が名場面を生んだのだと思う。

現在は何でもハイフィデリティが重視される時代になった。

音でも、雑音の混じるレコードから、ノイズのまったくないCDに移行しつつあるように、映像の世界も、写真機材の発達と感光剤の進歩で解像度の高い映像が可能になった。それらは、確かに美しい映像を保証するようになったが、同時に、何かを失ったような気もする。

人間は、何も顔の毛穴までくっきりとわかる画面ばかり見たいとは思っていないのだ。見えない部分を想像力で補う映像を欲している場合だってある。モノクロームの映像は、どこか人間の想像力を参加させるような余地を残している。

モノクローム的世界への共感

モノクローム写真の誕生は、人間にはじめて白と黒だけで構成されている世界を提示したが、それは同時に、新しい「謎」の提示だった。色で区分けできない世界は、果たして、本当はどんな色をしているのだろうかと、疑わせるような「謎」を人間に投げかけた。

だが、謎の提示のほうが、その謎の解明よりも、よりいっそう秘められたものの本質を浮き上がらせることがある。人間の想像力を刺激して、感受性を鋭敏にさせるからだ。モノクロームの映像には、そういう力があると思う。

残念なのは、雑誌などでは、モノクローム写真のほうが冷遇されていることだ。一部の、よくわかっている雑誌では別かもしれないが、一般的には、カメラマンに支払われるギャランティでも、モノクロームのほうが安い。よくてカラーと同じくらい。

しかし、断然モノクロームのほうが高くてよい。なぜなら、モノクロームのほうが労力を要するからだ。撮影だけでなく、焼き(印画紙現像)が加わるからである。

モノクローム写真のできは、撮影が半分、あとは焼きだ。この焼きで、写真のクオリティが決まる。相当な技術が要求されることはもちろん、焼く人間の感性がものをいう。だからモノクロームの作品は、作者の才能によって、でき具合いに無限の幅ができる。同じ作者によっても、でき不できがある。実に、おもしろい。

こういうモノクロームのおもしろさがわかるには、少々年季がいる。

ダンディズムの精神とは、結局、このモノクローム的世界への共感ではないかと思うことがある。

［ぱいぷ 60号 1988年刊］

タバコがとりわけ旨くなるとき

アンカレッジで味わうシガーの幸せ

〝タバコは旨いからやる〟。おそらくタバコはやめないと思う。身体にはよくないかもしれないが、人間フィジカルのみでは生きられず、精神的な部分も大切なんだからと理屈をつけてやり続けている。

パイプスモーキングとシガーを適当に替えてやる。どちらも捨てがたいからである。

日本ではシガーはチト高すぎる。千円札を何枚かグルグルっと巻いて火をつけているようなものだ。しかし、それがまたいい。この金満国日本は今、財テクとかが大流行りで、一億すべて金をためることにうつつを抜かしている。その中で大切な金を灰としてしまうのがいい。それもただ燃やすのではなくて素晴らしい至福のときを与えてくれるのだ。

パイプのよさはパイプそのものが道具として完成されていることだと思っている。私の好みは北欧のハンドメイドのものでなく、マシンメイドのほう、ローデシアンのカタチはとくに好きだ。

近頃、外国の取材がにわかに増えている。一年に12〜14回ぐらい出たり入ったりする。こいつはタバコを仕入れるには大変都合がよろしいが、問題は飛行機の中、シガレットは嫌いだから、私はノースモーキングシートに座る。そして、アンカレッジまでの六時間少々をじっと耐えるのである。

アンカレッジに到着するや否や私はシガーに火をつける。そして出発までの約一時間、この時間はとても幸せである。

ヨーロッパはアメリカと違って、ヒステリーな嫌煙ムードはないからいろいろなところでゆっくりタバコを楽しむことができる。

秋のパリ、ちっぽけなパレロワイヤル横のカフェ、少々肌寒くても、私は外へ座り、コーヒーをやりながらタバコをゆっくり楽しむ。このカフェの近くにタバコ屋があって、そこで一本シガーを買ってから来る。私のような者が柄にもなくロマンチックになれるのもタバコのおかげだと思う。

ときおり、そこに年配の紳士がやってきてパイプを取り出したりする。古びた、それもさして有名ブランドでないパイプを特別大切に扱う風でもなく、さりとて雑でもなく、ごくごく普通にタバコを楽しむ風情を見たりするのはいいものである。

なぜか理由はわからないがタバコが特別に旨いときがある。そのときの私はというと特別身体が調子いいというのでもない、楽しいことがあるからというものでもない。そんなときもあれば、逆のときもある。多分、こいつは気まぐれなタバコの神様がときおりプレゼントしてくれるものだと思っている。

そう思いながらも、休日は朝からアレコレタバコを選び、朝食が終わり、コーヒーをはじめるときから、気に入った音楽を選び、パイプに火をつける。

ま、これで一日がそのままゆっくり過ぎてくれれば文句はないのだが、たいていクルマ好きの友人から夕食などの誘いがかかる。こいつは少々さわがしくなるゾと思いつつも気に入った友人と大好きなクルマの話、これもタバコが旨くなる要素の一つでもある。

第7章

メーカーを叱る

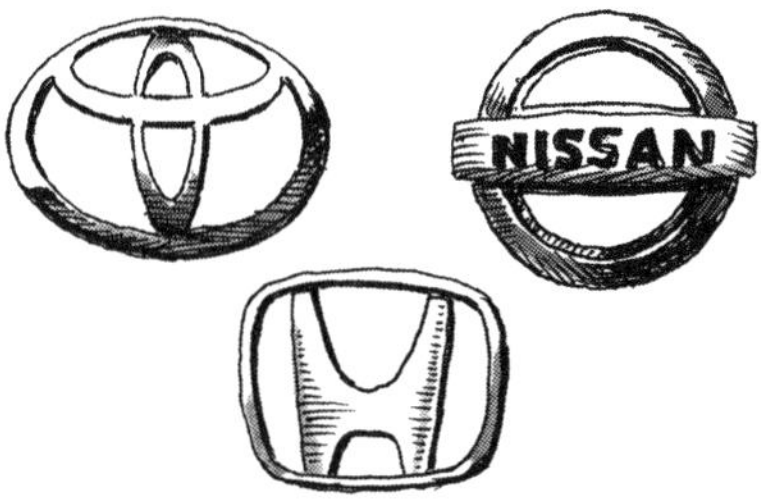

日本のクルマユーザーにとって理想的なクルマとはなにか。経済的で耐久性があり、かつ運転の楽しみをもたらしてくれる個性的なクルマがなぜ生まれてこないのか。舌鋒鋭くメーカーの姿勢を問う。

ジャグァー・マークⅡと著者。
1987年6月、箱根での撮影。

無意味なモデルチェンジは人類への裏切りだ

［続・間違いだらけのクルマ選び　1977年刊］

〝計画された陳腐化〟は問題だ

トヨタ、日産がとくに主役となっているのだが、日本のクルマは四、五年もするとモデルチェンジする。そのあいだのマイナーチェンジまで入れると二、三年に一度というめまぐるしさだ。ただしカリーナ、セリカは例外で、七年間にわたってつくられてきた。

モデルチェンジというもの、社会事情に合わなくなったときとか、いちじるしく技術的に遅れたものになったときにおこなわれるべきだが、実際は販売上の都合だけから考えられている。すなわち従来のクルマを飽きさせ、ユーザーの心を刺激するためのモデルチェンジなのだ。モデルチェンジといえば国産車の場合、だいたいはボディスタイルの変更が中心になり抜本的な技術の進歩はあとになる。そしてその進歩的な技術を導入するかしないかは、一にも二にもコストとのにらみ合いで決まる。

モデルチェンジで結局大切なことは新しい思想による新しいクルマづくりというこ

とだ。〝一〇年ひと昔〟という言葉どおり、一〇年もすれば社会の事情は変わり、だいたいクルマは七、八年もたつと古さを感じるようになるのはわかる。そこでモデルチェンジとなるわけだが、そのとき必要なのは、新しい社会の要求にどう応えていくかということだ。ところが国産車は、排ガス規制のように法律で決められたことを採り入れるぐらいのことしかしない。あとは売るためだけのモデルチェンジだ。

それにしても国産車のスタイリングは、四、五年先には寿命が尽きるように想定されているので、三年目あたりから何となく飽きがくるようになっている。これが大きな問題で、いわゆる〝計画された陳腐化〟というヤツ。これでモデルチェンジの必要性の下地をつくるわけだ。

メーカー側は、プレスの型は使えなくなってどうせ新しくするのだからというが、相当な経費の無駄遣いのハズ。実際モデルチェンジのたびに価格を上げてきているのだからかなわない。私たちが望むのは、そんな見てくれだけのモデルチェンジではなく、長く乗り続けられるクルマをつくりだしてくれることだ。無意味なモデルチェンジによる資源の浪費がそういつまでも許されるわけはないのである。

長い時間と大きな研究費をかけて進歩的なクルマをつくり、できるだけ長くもたせる。これがシトローエンにかぎらず、ヨーロッパの秀れたメーカーの一貫した姿勢である。四年や五年でどんどん新しいボディを与えるようにしてモデルチェンジをはかるなどという思想はそこにはまるでないのだ。たとえばルノーR16は一九六五年、同4は六一年、ポルシェ911は六五年、フィアット128は六九年、ローバー2200は六三年と寿命の長いクルマがたくさんある。そしてこれらのクルマは一二、三年も乗れるようにきわめて丈夫に基本設計されているのだから日本車とは大いに違うわけだ。

国産車メーカーに四、五年で新しい思想や技術を盛り込んだニューモデルが出せるというならともかく、そうでなければ、せめて六〜八年に一回という間隔にしたらどうだろうか。それがユーザーの利益につながるのである。

［1985年版 間違いだらけのクルマ選び］

外国車の由緒ある名称を拝借するのは考えものだ

日本のクルマ命名の仕方に無理があるのでは

ある人からトヨタがカマーグとかコーニッシュという名称を登録していると聞いた。〝えッ、まさか？〟私は驚いて聞き返した。そりゃそうだろう。カマーグやコーニッシュとはかの〝ベストカー・イン・ザ・ワールド〟ロールス・ロイスのプライベートカーの名称である。そのRRの名称をトヨタが取ってどうしようというのだろう。まさかクラウンやマークⅡ（この名称についても、ジャグァー・マークⅡというクルマがあったことを思い出す）あたりのバリエーションに使うのではあるまいか。もしそんなことがあったらそれこそ恥ずかしいかぎりで、外国の人などに話せやしない（どうせ、この手のクルマは外国では売れないのだから）。

もともとクルマの後進国であった日本は、クルマの名称に苦労するのはわかる。そしてこの外国でつくられ発展してきたクルマの名称であるがゆえに、日本的な名前があまり似合わないことも私は理解する（ただし、例外としてスバル〝昴〟は素晴らしい名前だと思う）。だからなるべく外国調の名前をというのはある面で自然なのだ。しかし、だからといって、自動車メーカーがその財力にものをいわせて考えつくものを次から次へとレジスターするというのは考えものだと思う。

すでに、日本にはセンチュリー（アメリカGMのビュウイックが戦前から使っているシリーズ名で、このためビュウイックは日本ではセンチュリー名は使っていない）とプレジデント・ソブリン（イギリスのダイムラーのこれまた由緒ある名称を使っている）という外国車の名前を拝借したものがまかり通っている。

ま、外国メーカーも少々のんびりしていて日本での登録が遅れたのは責任なしとはいえぬが、トヨタのようにCではじまる名称を何でもかでも取っておこうとするのはやりすぎであると思う。

もっとも、こうなるのは日本のクルマの名前がアメリカ流で、すべてのシリーズ名を持つやり方にあるかもしれない。ヨーロッパのように数字（メルツェデスやプジョー、ルノーなどは、〝プジョー505〟とか〝ルノー9〟のようにみな、数字で表す。例外はVW、オペル、フォードなど）で表せば問題はないのかもしれない。

とにかくトヨタ製のカマーグやコーニッシュが実現するようなことのないようにお願いしておきたいのだが、メーカーも、クルマの名称にもうひとひねりあっていいと思う。かつてはトヨタもパブリカのような傑作を持っていたのだから。

また、このクルマの名称も高価車になればなるほどおどろおどろしくなるのも困りものだ。セドリックには何とVIPというモデルがある。クラウンにはロイヤルサルーンというのがある。少々シャイな人は、この名称を聞いただけで乗れなくなりそうである。名前なんてものはある面でついていりゃいいようなものと思うけどネ。

何でも、白くすればいいというもんじゃない

好きでもない色で四、五年乗るのは解せない

今の国産車には白いクルマが多い。ある車種などは白が全体の80パーセントを超すという。いかに流行とはいえ異常なことだ。〝なぜ白がいいのか〟と問えば、〝汚れが目立たない〟とか〝下取り価格が高い〟という答えが返ってくる。そして、白が美しいからという答えは、意外と返ってこないのである。私はどうして、どのクルマも白でいいのかよくわからない。確かに白の美しいクルマはあるが、それがすべてじゃない。下取りだって四年も五年も乗ったら、下取りの価格は相当安くなっているし、それに好きでもない色に四、五年乗るというのは解せない。メーカーのほうも白が売れるとばかり、もうどのクルマも白、白、白。そのくせ白の似合うスタイルにしようなどとは思わない。とにかく白でありさえすればいいのだ。

とかく昨今の日本では流行るものが流行るご時世なのだ。〝あの人と同じだから安心〟の風潮なのだ。こいつは怖いと思う。こういう風潮は国民をある方向に向けやす

いじゃないか。1億の人々の価値観が同じだなんて気味が悪いじゃないか。せめてクルマぐらい、なるべく他人の持たない色で、しかも美しい、センスのよいカラーを求めて欲しい。他の人の持ちものは何でもイヤというのでも困るが、自分の価値観を持つことは、たとえクルマの色といえども大切なことであると思う。

そう思っていたら、いすゞの今年のニューカー、FFジェミニの3ドアハッチバックにセイシェルブルーなる明るいブルーが出現した。ターコイズブルーに近いカラーだけれど、明るく可愛くは見える。率直にいって、私はことさらいい色とは思えないが、白一色の中では個性的に見えた。ところがである。このセイシェルブルーがことのほか売れたのである。白にあき足らぬ人がいることを知って、私も少し安心した。

白という色はメーカーにとってはまことにありがたい色なのだ。まず、他の色をあまり考えないですむ。そして、一般的に白という色はコストも安いのである。最近メーカーはそのことをいいことにして、ボディの標準カラーを極端に減らしている。ホンダ・クイント、マツダのRX－7など、白、銀、赤くらいしかない。私の義理の弟は最近クイントを買ったが、ほとんど選べる色がなく、白はダメだからと結局銀にした。ニューカーを買う楽しみは外装、内装のカラーを選べることにある。その楽しみをメーカーははじめから奪っているのだ。

そして内装にいたっては、ほとんど選べないというのが現状だ。表向きはワイドバリエーションというけれど、実体は外装より、さらに選択の幅が少ないのだ。

私のところには多くの読者から、ディーラーで〝白ならすぐ納車できますが、他の色は二カ月、いやいつになるかわかりませんよ〟といわれて泣く泣く白にしたという声が届いている。ボディカラーはせめて七色くらい、それもいい色を用意してもらいたいものである。

もう外国のマネはやめにしようじゃないか

［1991年版 間違いだらけのクルマ選び はじめに］

目を見張る進歩の裏にある「マネ」

本書を書きはじめてから今年度版ではや15冊目になる。改めて自動車というものの楽しみの奥の深さに感慨を覚えると同時に、これまで支持してくれた読者と応援してくれた草思社に感謝したい。

私が本書を書きはじめたころ、国産車にはエンジン横置き2ボックスというレイアウトのクルマは二車種しかなかった。合理的で便利さと経済性を追求したクルマはもちろん、高級な機能を誇る高級車など一台もなかったのである。

こう考えると、ここ一五年間の国産車の進歩には、まさしく目を見張るものがある。この間、日本の経済力も飛躍的に向上した。この国産車の進歩も日本経済の発展も激しすぎるほどの〝競争〟に負うところが大である。しかし、この競争は多くの場合、いち早く外国の情報をつかみ、そいつを商品化することでおこなわれたのであり、それは少々残念といえば残念な部分である。

後進国であったからいたしかたない、と簡単にいう人がいる。しかし、われわれ日本人は外国のものをマネることに躊躇がなさすぎたのではないかと思う。ま、過去のことだと笑ってすませられればいいのだが、そいつが現在でも続いており、いっこうに反省の色が見られないのはどうしたものだろう。

過日、一一月二日は〝日本のヌーボー・ワイン〟の解禁日だという。そんなものまであるのかと私は少なからず愕然とした。この解禁日は、本来フランスはブルゴーニュ産ボジョレーの早づくりワイン〝ボジョレー・ヌーボー〟だけにおこなわれることなのだ。

むろん、外国には同じような催しがある。西ドイツにはその年のワインを見て試飲する会もあると聞くし、どこでも大なり小なり新しい年のワインを祝う風習はあるだろう。

しかし、○○ヌーボーと銘打った催しは世界中いかなるところでも寡聞にして聞いたことがない。たとえばムートン・ロートシルト・ヌーボーなんてあるだろうか。そんなものどこにもない。そこへもってきて日本が○○ヌーボーなる催しをやる。それもそのワインの取れる地方の村などでやるのならまだしも、大酒造会社が代理店を入れて大々的にやる。恥ずかしくないのか、といいたいのだ。酒造会社は一方で文化的な数々の仕事をやっていながら、片方でこんな恥ずかしいことをやっているのである。でも、もっと残念なのは、わが自動車界も同じようなものだということだ。

私はパクリグルマは指摘し、罵倒することにしている

昨年も、今年も実に多くの日本車が登場した。その中にはなるほど、いいクルマだと感心するものも少なくなかった。しかし、その感心したクルマを含めて、多くの国産車に外国車の強い影響は否定できない。いや〝影響〟はこの際いいとしようじゃないか。そいつはこの国際交流の時代には、いたしかたのないことなのかもしれない。問題はマネ、パクリの類いである。こいつが恥ずかしいのだ。

例をあげればステイアリングのティルト・テレスコピック・システムをモーターでやったのは、現在のメルツェデス124シリーズだ。しかし、そいつをマネる国産車の多いこと。スタイルにいたっては、メルツェデスのあのグリル、BMWのキドニ

ーグリルだけは、さすがにマネするものはいないが、それさえやらなければ、もう何をやってもいいと思っているかのごとき無法ぶりである。ついにはBMWの外観、メルツェデスの内装、そしてあろうことかジャグァーの広告という、世界の高級車三つをすべてパクるという念のいったものまで登場する始末だ。

こいつを規制するものなんかありゃしない。もしあったとしたら、それこそ恥ずかしいのかもしれない。そういうものはわれわれ日本人が羞恥心、誇り、自尊心というものでコントロールすることである。私は外国車のデザイン、アイディアを平気でパクったクルマは、必ずそれを指摘し、破廉恥と罵倒することにしている。

オリジナリティの議論は確かにむずかしい。こいつを厳密に指摘するなら、クルマを開発したヨーロッパ以外、クルマをつくることはできなくなってしまう。しかし問題をそこへやるのはこれまた欺瞞なのである。オリジナルを云々する前に、自らの良心に恥じないかどうか、そのことが問題なのである。

確かに、メルツェデスから出る新しい技術にはいまだに〝うん、なるほど！〟と膝を打つほどのものがある。〝そうか、この手があったか〟と思うやつだ。しかし〝これ、いただきにしよう〟というのはもうヤメにしたい。日本車のレベルは上がったのだ。もうそいつは恥ずかしいことなのだ。

最近、ドイツの自動車メーカーの特許出願が減ったのだという。特許出願を見て、日本のメーカーがハタと膝を打ち、いち早く商品として具現化してしまうからだという。まさかとも思う。そこまで流行《はや》るまいとも思う。しかし、私は今まで日本のメーカーがやってきたことを知っているだけに〝ことによると〟と思ったりして怖いのである。

〝今度の自動車はジャグァー風にいきたいネ〟〝いやメルツェデス流でいこうよ〟〝BMW7シリーズもドライバーズカーだぜ〟。こいつは実はもうマネがはじまっているのだ。それでも企画段階での話としてならいい。その議論の結果、メルツェデスはいい、となったら、メルツェデスと違うアプローチ、技術でメルツェデス並みの機能をつくり上げる。そいつは立派なことだ。

一一月二二日、こいつはボジョレー・ヌーボーの解禁日。日本では昔のクリスマスのように、この日とバレンタインデイは大騒ぎの日だが、といって、わが国にもヌーボー・ワインの解禁日があるんだよ、なんて恥ずかしくて外国人にいえやしない。

やみくもにクルマを大きくすることには賛成できない

［1991年版 間違いだらけのクルマ選び］

3ナンバー車税制改正とクルマのサイズ

3ナンバー車の時代なんだそうである。高級車の時代なのだそうだ［1989年、3ナンバー車の税が大幅に引き下げられた］。

確かにワイドボディで出てきた三菱のディアマンテは少しばっかりよく売れているらしいし、クラウンの売れ方は不思議なぐらいだ。シーマもこれまた負けずによく売れている。これをもって〝国産車の主流は2・5ℓになる〟と予想する向きもあるようだ。

本当にそうかなァと思う。日本って国はクルマのサイズは、小さいほうが便利なのじゃないかしら。これはいつも大きなクルマに乗っている私のいうことだから間違いない。私のような職業の人間は、たいてい行く場所が決まっている。だから自分の行動の範囲内で駐車可の場所をよく知っているので、大きなクルマでもさほど問題がない。それが普通の使用パターンとなるとどうか。

日本は長い間長さ4・7m、幅1・7mの小型車の時代が続いた。こいつは鉄道の狭軌道に似ていると思う。ひとたびこの狭軌道での投資がおこなわれると、これを広軌道に変えるには巨大な社会投資を必要とする。クルマも同じことだと思う。わずか数センチの幅、十数センチの長さだが、ことは重大と考えたほうがいい。

といっても私はけっして大型車に反対なわけじゃない。〝国策として、日本は小さな国だからクルマは小さいのに乗りましょう〟的なものの考え方は大嫌いなのである。それでも3ナンバーの時代とか高級車の時代とかで、あまりものを考えずにクルマを大きくするのには賛成できない。

不景気風が吹くと軽自動車が人気になりかねない

今、5ナンバーの枠が取れたばかりのところだ。多くの人は〝エンジンは2500ccぐらいがいいかナ、クルマの長さはまァ4700㎜でいい。しかし幅は1750㎜、いや1800㎜は欲しいナ〟と、まだ比較的抑えたところで考えていると思う。しかし、この日本という国はいつもいうとおり、クラスレスの大衆社会だ。メーカーはわずかの差異をつくりだすため、すぐにも2500ccを3000ccとし、3500ccとする。クルマの長さだって4700㎜が4900㎜となり5000㎜にならないとはかぎるまい。クルマの適正サイズなんてものは本来ないのかもしれない。確かに大型車には大型車のよさがあり、クルマというものはあっというまに大きくなる性質があるのだ。

クルマの大型化を抑えるのは経済的な理由しかないだろう。この国には少し不景気風が吹くと、あっというまにクルマは3ナンバーから5を飛びこして、軽自動車に行きかねないものがある。理想は1・5ℓぐらいをベースとしてのピラミッド型だろうが、この国では、ことはそう簡単におさまるとも思えない。

交通渋滞、駐車場の問題などから行政のほうが妙な手を考える前にユーザーのほうが手堅い選択でバランスを取ることこそ最良の方策と思うのだが、そいつは一番むずかしいことだろう。

［1994年版 間違いだらけのクルマ選び はじめに］

クルマづくりはカーガイにまかせよ

自動車野郎とそうでない人間の差

どのメーカーもクルマが売れない。かのオイルショック以来の大不況である。自動車メーカーにとっては難局というべきだろう。が、もともとクルマというものはこういうものだと知るべきだろう。

日本という国は産業としての自動車工業を生み、育ててきたことで、ここまでの経済成長を可能とした。しかし、その日本の自動車工業には真の自動車屋がいない。自動車屋魂を持つ人間がいない。これは今後、相当大きなハンデになると思う。

自動車野郎とそうでない人間の差はというと、クルマの歴史を知らないことだ。これは大きなハンデとなる。ものごと何かやろうとすると、まず歴史から入るのが普通だ。そしてその歴史を知っているということは、微妙なクルマらしさやクルマとしてのよさの表現に通じる。これはスタイルのみならずインテリア、エンジン、そして広告にいたるまで、すべてにわたっていえることなのだ。

クライスラー・ネオン［1994年にクライスラーが日本車に対抗して登場させた廉価ＦＦ小型車］というクルマを私はまだ見ていない。しかし、これは日本の単なる安グルマとは少し違うだろうと思っている。このクルマの開発を総指揮したのはクライスラー社長のボブ・ラッツという自動車屋である。彼はＢＭＷをモータースポーツの世界で有名にした。そしてフォードでも自動車屋魂を発揮した。そして現在はクライスラーの社長の座にある。

アメリカやヨーロッパにはこんな人がたくさんいる。クルマ好きで、レース好きで、しかもクールなビジネスマンというスタイルの男たちである。ＶＷの総帥Ｆ・ピエヒはいうまでもなかろう。彼はポルシェ時代にフラット12をつくり、917をスポーツカーレース界の王者に仕立てた。彼がその5ℓ、水平対向12気筒をポルシェ911に載せてブッ飛ばしていたのは有名な話だ。少し古い話だが、メルツェデスの技師長であるウーレンハウトは名車300SLの設計者だが、その彼はレーシングドライバー並みのスピードでレーシングカーを走らせたという。

こういう話はドイツだけでなく、イギリスにもイタリアにもそしてフランスにもゴロゴロしている。

日本にもカーガイがいないわけではない

日本には一人もいないかというと、私の知るかぎり一人だけ存在する。それはホンダの川本社長［川本信彦氏］である。この人は間違いなく自動車野郎なのである。

川本さんは今、一九六二年ごろのポルシェ356SCのレストアに熱中している。川本さんはこのSCのスタイルが好きらしい。356（サンゴロ）はクーペでなくちゃと思っている。このへんがいいのである。それはクーペでもコンヴァーチブルでもいいのだが、そのこだわりこそが重要なのである。私も実はこの356が好きで、年を取ってから乗るスポーツカーとしては最高だと思うのだ。

今から一〇年くらい前のことだったか、当時ホンダの研究所の社長だった川本さんが、専務の木澤さん［木澤博司氏。初代シビック開発責任者］と、アルファ・ロメオ２０００スパイダーとフィアット・スパイダーの優劣論議をしているのを聞いたことがある。彼ら二人は公道でこのイタリアンスパイダーをテスト（?）し、その加速力の優劣やハンドリングについて話していたのだが、このとき私が判断したところでは、どうやらこのお二人にとってはご自分の腕前論議のほうがもっと重要だったようだ。

そんな川本さんだからほかにも好きなクルマはもっとある。３５６の前にはトライアンフＴＲ（多分ＴＲ３Ａ）を自分でコツコツとレストアされたらしい。最近ではラゴンダ（第二次大戦前のスーパースポーツで、現在はアストン・マーチン傘下の高級車）を入手されたらしい。川本さんは赤（イタリア）、白（ドイツ）、緑（イギリス）の三色のオールドスポーツカーと自社の日本のスポーツカーを所有して、そいつをコロがすことをリタイア後の楽しみにしたいという。

これは間違いなく正真正銘の自動車野郎だ。そのワリにはホンダのクルマはネ……という意見もあるだろう。しかし、ＮＳＸは川本さんがいたからこそできたと思うし、これからホンダがどんなメーカーになるかわからないが、きっと川本さんの自動車屋気質が必要になるときがあると思いたい。また、そんな川本さんの下に小川本を大勢育てることが大切だろう。

自動車野郎が必ず自動車会社のピンチを救う。私はそう信じている。

こんな不当な価格の外国車を買ってはいけない

「１９９４年版 間違いだらけのクルマ選び」

私は〝ガイシャ値下げ運動〟をやっている

ここ一年で円はほとんどの外貨に対して高くなった。ドルはその一番わかりやすい例で、今一ドル＝一〇五～一〇八円というところだ。一マルクは六五円というところにいる。変動相場だからこのレートがいつまで続くかわからない。しかし、とにかく円は高く、外貨は安く安定している。

私は今年のはじめから〝ガイシャ値下げ運動〟をずっとやってきた。だってガイシャは高すぎるからだ。インポーターはガイシャが高い理由をいろいろいう。一番おかしいのはＶＷなどの「うちは円建てだから」という答えだ。何をいいなさる。おたくが日本へ上陸するとき何といいました。「ＶＷがメーカーとして日本に来る。これはユーザーにとってきっと朗報だ」といったではないですか「ＶＷアウディ日本は一九八九年に自ら日本におけるＶＷ車の輸入権を取得した」。ＶＷアウディ日本はＶＷと同じ資本であって、輸入代理店ではないのだ。円建てもマルク建ても関係ないのである。

メルツェデスはもっとも高く売るメーカーである。同じクルマをアメリカと比べると、高いのになると60%も高い。こりゃ弁明の余地はないだろう。これが、逆に円が安くなったらすぐ、それこそ一カ月以内に値上げするだろう。それは過去の例を見ればわかる。

要はメルツェデスもBMWもVWアウディも日本のマーケットに対しては植民地的な考え方を出ていないのだ。ここでどんなビジネスをして、日本車とどう闘うかということなど、毛頭考えちゃいないのだ。たいていトップは本社からくる。その日本のトップは将来の日本のマーケットの動向より、今適当に売って差益で大儲けし、本国へいい顔をするという図である。

例外はローバーのみ。ここは安い。だから売れる。今年の売り上げは前年比150%に迫るという。

われわれはよく働いてきた。そして少し豊かにもなった。自動車をはじめ多くの商品が外国へ行き、円が高くなった。じゃ少しいい思いをするか。あるいはちょっと違ったクルマに乗るかとガイシャ屋へ行く。すると不思議なことにその価格は少しも下がっちゃいない。〝いったいどうなっているの〟といいたくもなる。

アメリカではキャディラックが三万五〇〇〇ドルぐらいからある。しかし、日本じゃ七〇〇万円以上。こんなことがどうして許されるのだろう。結局、これはユーザー、つまり消費者が抗議をしなければならないことだと思う。抗議行動はいとも簡単である。それはしばらくのあいだ買わないことだ。

ガイシャは必ず安くなる。私はこう信じている。それが経済の法則というものなのだ。不当に高いものがそんなに売れるはずはないのだ。今や機能という点でガイシャと国産車はほぼイーブンか、少し国産車のほうが上というところだろう。ではガイシャはというと、各々のキャラクターは依然として魅力的であることも少なくない。でも、そのキャラクターのために、本国のユーザーやアメリカのユーザーより圧倒的に高いクルマを買わねばならぬ日本人は、果たして幸せなのだろうか。

合理化だけじゃ、おもしろいクルマ、変なクルマは出てこない

［1994年版 間違いだらけのクルマ選び］

ビート、SVX、アリスト、J・フェリー、CR－X

例のバブルの時代は、どのメーカーもとにかく大型で贅沢なクルマ一辺倒だった（それでも庶民の側は同じ3ナンバーでも割安感のあるクルマをささやかに買っていたのだが）。

しかし、そのバブル期に登場した日本のクルマは、どれもこれもつまらないものばかりだった。

バブルが終わると、今度は一転、メーカーはいっせいにパッケージングをマジメにやりはじめた。私にいわせてもらえば遅きに失した感がある。しっかりしたパッケージは、バブルであろうとなかろうとクルマにとって大切な基本なのだ。ま、それはともかく、これからはパッケージの時代とやらで背の高い、広い室内の4ドアセダンがどんどん出てくることになるのだろう。

しかし、そうしたパッケージ優先のクルマも、なぜか少しもおもしろくない。かといってルーフの低い、トンネルの中へ入ったような例の4ドアハードトップだって、ことさらカッコいいわけでもなければおもしろいワケでもない。つまり、日本車はどちらにしてもおもしろくないのである。

ではおもしろいクルマとはなんぞや。それは一見してワッハッハと笑えるとか、ちょっとハンドルを握ってみれば、おもしろくておもしろくて一晩中でも乗ってしまうというものでもない。それはトレンドとやらにまどわされない〝変なクルマ〟じゃないかと思う。この変なクルマづくりはきわめてむずかしい。こいつをやるのはある種の名人芸なのである。それを生産技術とか、設計技術だけでつくろうとしても、できやしない。変なクルマとは変な人間が強固なポリシーでつくるクルマなのだから。

日本で変なクルマというと、ホンダのビート、富士重工のSVXがその筆頭だろう。もう少し範囲を広げるとトヨタのアリスト、日産のJ・フェリー、ホンダのCR－Xあたりか。こういうクルマこそ、この日本で出すにはちょっと勇気がいる。しかもこいつを少し長い期間売り、次もそのコンセプトを受け継ぐとなると、もうまったく先例がない。しかし、この変なクルマたちは確実に日本の自動車マーケットを変えている。そのことはきわめて重要である。

今日本車にはびこっているのは合理化だ。その結果、クルマの外装色、内装のバリエーションはどんどん減っていく。メーカーは性能は落ちていないと思っているだろう。しかしこれは、自動車を自動車ではなく、冷蔵庫と同じにする行為なのである。私はつねづねニューカーを買う最大の理由は外装色と内装を自由に選べることといってきた。今外国車は高いが、多くの外装色、内装を持っている。日本車はここのところを大いに誤解している。合理化がクルマを買う楽しみを奪っているのだ。

それもこれも、すべてはメーカーの都合だということが日本車の決定的に嫌なところだ。いつもこうなのである。メーカーの勝手にユーザーは振り回される。そんな中でユーモアのあるクルマ、変なクルマなんて望んでもかなわぬこととあきらめるしかないのだろうか。

数字の論理だけで魅力的なクルマがつくれるワケがない

［1996年版 間違いだらけのクルマ選び］

〝日本病〟の原因はクルマを〝仕事〟としてつくっていることにある

〝日本病〟の背景には、日本の自動車工業は、トップのトヨタから下位の富士重工など、どのメーカーも強大になりすぎ、〝数字優先〟の思想以外受け入れる余地がなくなったことがある。

たとえばホンダには、ホンダらしいクルマづくりが求められている。しかし、ホンダも今や生産一〇〇万台以上のメーカーであり、企業の存続のためには少量のおもしろいクルマより大量に売れるクルマが必要だ。経済的な理由から少量生産は受け入れられなくなったのだ。

確かに少量生産のクルマはコスト高を招く。しかし、だからといってみなが数の論理だけに走り、トヨタ的な行き方をすれば、最後には共倒れになってしまう。〝数字〟を重視し、しかも魅力的な商品をつくるのはとてもむずかしい。だが、それをやろうとしないメーカーは、いずれ消えていくだろう。

自動車屋はその商品が命である。そして、その商品の魅力について、一般の人間が判断できるのはスタイルしかない。だが、日本のメーカー各社にデザイナー出身の役員はほとんどいない。かのGMは一九三〇年代からそれに気づき、ハーリー・アールを生んだ。ハーリー・アールはGM車のスタイルをつくり、その組織をつくった。次のビル・ミッチェル、チャック・ジョーダンなども、みなGMの経営の中枢に上りつめた。

日本のメーカーがデザイナーを重視しないのは、日本の自動車工業の経営者が自動車という商品をわかっていないからだ。みな生産技術には詳しいだろう。そしてコストダウンについても。しかし、今やコストダウンと同じぐらい、クルマの魅力は重要なのである。

クルマの魅力は、それをつくる者のクルマへの興味の深さにかかわっている。しかるに日本の自動車会社の役員会で、一般論にしろクルマそのものの話題が出ることがあるのだろうか。はなはだ疑問である。

日本病の原因の一つにトップから下のほうまでクルマを〝仕事〟としてつくり、〝仕事〟として売っていることがある。仕事としてトヨタ・サイノスの主査となる。仕事として日産・プリメーラの主管になる。仕事としてダイハツ・ムーヴの主査になる。仕事そのクルマは、前任者の方針がすでに定まっているか、コピーするクルマが決まっているのだから、その新任の主査たちの意思が入り込む余地がない。だから彼らは山積する問題（たいていクルマの本質とは関係ないことが多いのだが）を〝仕事〟として、「忙しい、忙しい」といいながら片づける。

この問題は自動車によらずあらゆる産業にかかわる問題だろう。一言でいえば〝モチベーション〟の問題なのだが、本来、自動車づくりという仕事は、そんなむずかしいことを持ち出さなくともやれることなのだ。もっとも、この日本病がさらに進むと、クルマをつくるなどそうたいした仕事ではなくなり、いずれはお菓子とか缶詰、あるいは文具などと同じことになっていくのかもしれない。

アメリカマーケットにおもねることで、日本車はダメになっている！

［2002年夏版 間違いだらけのクルマ選び］

フワンフワンになってしまったカムリ

昨年［二〇〇一年］九月、新しいカムリが登場した。こいつはトヨタにとってきわめて重要なクルマだ。なんとなればカムリはアメリカマーケットでホンダ・アコードと覇を競う戦略車だ。そのエンジン、シャシーコンポーネンツ、フロアパネルを用いて、レクサスES300（日本名ウィンダム）やアバロン（日本名プロナード）など、さまざまなアメリカマーケット向けのクルマがつくられる。

で、新しいカムリはどうだったか。こいつは本書のレポートに詳しく記すが、結論からいうと、何とも大味でつまらないクルマであった。フワンフワンのサスペンション、はっきりしないスティアリングフィール、少々もてあまし気味の大柄なボディと、典型的なアメリカンだ。このカムリに続いて登場した新しいプレミオ／アリオンが、きわめてバランスのよいグッドハンドリングな近代的FFセダンに仕上げられているのとは対照的であった。しかし、それはトヨタも百も承知のこと。こういう味付けがアメリカでは好まれるということなのだ。

日本の自動車メーカーはアメリカマーケットに大きく頼っている。各社あわせて年間九〇万台の乗用車を輸出し、現地生産を含めれば二八〇万台を販売する。アメリカマーケットなしでは食っていかれないのである。日本国内ではパッとしない日産が何とかやっていけるのも、アメリカマーケットが好調だからだ。

こぞってアメリカマーケット好みのクルマを研究し、そいつをつくって売る。こいつが日本の自動車産業を繁栄させた原動力となったことは間違いない。アメリカのモータリゼーションに鍛えられた日本車は飛躍的に進歩、発展した。これも確かだ。ホンダはそれが大きな成功をおさめた典型的なケースといえる。しかし、私は最近、こうしたアメリカ向けのクルマづくりに少々、疑問の念を抱くようになった。

そのきっかけは、昨年から日本に輸入されはじめたヒュンダイだ。今、ヒュンダイは日本に橋頭堡を築こうと懸命にマーケティングをおこなっている。が、そいつはなかなかヒュンダイの思うにまかせず、苦戦を強いられている。私が思うにそれはクォーリティとか、性能のせいじゃない。完全にとはいわないが、今や韓国車は日本車の水準とさして変わらないところまで来ている。

「これぞ日本車」というクルマが望まれる

じゃ、何がいけないのか。クルマにもっとも大事なキャラクターがないのである。今のヒュンダイは、安いだけがウリの大味なクルマ、つまり日本がアメリカ向けにせっせとつくっているクルマと、その根本で変わるものがない。それは韓国ならではの主張、文化の香りが感じられないノッペラボーだ。せっかく外国車を買っても、外国を感じさせないというのでは……。いや、偉そうにヒュンダイを笑えまい。これまで日本で大量につくられてきたおおかたの対米輸出車は、このノッペラボーではなかったか。

グローバルカーなる言葉がある。たとえば、かつてGMがつくったJカー（ドイツではオペル・アスコナ、日本ではいすゞ・アスカとしてつくられた）、あるいはフォードのフェスティバ（こいつはマツダがつくったこともある）などがそれだが、このグローバルカーなるもの、大成功をおさめたためしがない。世界中どこでも完全に通用するようなクルマなんてありえないからだ。

ドイツ車はどこまでいってもドイツ車だ。戦後、アメリカマーケットで売るために、メルツェデスもポルシェもずいぶんアメリカナイズされたとはいえ、やはりドイツのクルマだ。そのドイツにかなり影響されはしたが、フランス軍は依然としてフランスの香りを保つ。プジョーしかり、ルノーしかり。イタリア車も、日本車のように壊れなくなる代わりにイタリア車でなくなるなら、壊れたほうがマシとばかりに頑固にイタリア車をやり続けている。アルファ、フィアットしかりである。そしてイギリス車。もはや民族系メーカーはほぼ消滅したとはいえ、ジャグァーを買収したフォードは、そのイギリス的ファクターを全面に押し出してマーケティングをおこなう。

クルマにはそれが生まれ、育った文化、思想という背景が厳然として存在する。そうだからこそ、これらの外国車は魅力的であり、この安くて、いいクルマがひしめく日本でも、一定のシェアを獲得しているのではなかろうか。そう考えると、私は今の無国籍な日本車の将来に不安を覚えざるをえない。

これまで日本車は、安い割にはクォーリティが高く、そこそこの性能というのがウりだった。平均的なアメリカ人が「日常生活用品として使うには、安くていいじゃないか」というクルマである。まずはそうしたクルマづくりでアメリカ輸出を考え、そのおあまりを日本で売り、そいつに日本人が乗る。それが七〇年代からこの方の日本のモータリゼーションであった。

しかし、韓国軍はおいおい日本車の水準に追いつくだろう。そうなると、韓国製のノッペラボーグルマはアメリカマーケットで、その価格の安さから日本車を蹴散らす可能性が大だ。そして韓国の後ろには中国がひかえている。今やタイもアジアの一大生産拠点だ。

「安い割には」だけではない「これぞ日本車」というクルマが望まれる。日本の文化、思想を色濃く持ったクルマだ。それはかつてのインフィニティQ45みたいにウルシ塗りのパネルとか、七宝焼のエンブレムなんて皮相なものでなく、クルマ自体に日本のエッセンスを感じさせるクルマだ。

日本ならではなのは、軽自動車かクラウンか

日本ならではのクルマ、そいつはことによったら軽自動車かもしれない。この世界にも類例のないマイクロカーのポテンシャルは私も大いに認めるが、こいつはまだまだ世界で通用するレベルではないと思う。とくに高速性能、燃費が問題だ。

「日本的」ということをとりわけ意識して、そいつを追求してきたのは唯一、トヨタのクラウンだろう。このドメスティックカーは確かに他のどのクルマよりも日本ということをずっと考え、つくられてきた。異様とでもいうべき静粛性、日本的な風景の中に置いたたたずまいはこのクルマならではのものだ。日本車に「白」を定着させたのもクラウンであった。しかし、私はこのクラウンの「日本的」なるものがそのまま世界に通用するかといえば、少々疑問だ。

単に日本で生産されるというのではなく、日本的なエッセンスを感じさせ、それが世界でも魅力である日本車。そいつを望むのはあながち無理な話じゃないと思う。たとえばトヨタのオーパ。このクルマは一見、いたってアヴァンギャルドだが、そこにはどことなく日本的な空間意識を感じさせるものがある。オーパは今のところ苦戦しているが、このクルマは次の世代の日本車を示唆しているような気がする。

クルマはハイテクだけじゃない。日本人の琴線に触れ、かつそれが世界的な説得力を持つ、そういうクルマを望みたい。それにはクルマのつくり手が日本の文化、歴史を本気で受け止め、自分の骨肉とすることだ。外国ばかりに手本を求め、それを器用にコピーするのではなく、地道に自分の足元を見つめ、自分なりの価値観を構築する。それ以外に道はあるまい。

日本の交通環境にあったクルマの適正サイズを考えるべきだ

［2002年夏版 間違いだらけのクルマ選び］

シビックもゴルフも大きくなりすぎではないか

最近、大きなクルマがわずらわしくなってきた。ニュー・カムリ、こいつは日本で使うには幅が広すぎる。ニュー・スカイラインはとてもいいクルマだが、アメリカマーケットを考えているので、これまた日本では少々、全長、全幅が大きいのが惜しい。もう少し小さいとずっと魅力的なのだが。こんなことを感じるようになったのは私がジジイになったせいもあろうが、それだけじゃないと思う。やはりクルマには生まれた地での適正サイズというものがある。今の日本車はその適正サイズをはみだしてしまっている。

たとえばホンダ・シビック。本来シビックは、必要最小限の大きさで目的を十分に達するというポリシーでつくられたクルマだった。しかし、シビックはモデルチェンジごとに肥大し、今やコロナ、ブルーバードサイズだ。こうなると新しいフィットのほうがずっと魅力的だ。フィットは売れに売れてカローラ、ヴィッツと販売トップの座を激しく争っているが、かたやシビックは死んだようだ。むろんフィットのほうが値段が安いことは大きいが、それだけが理由でもあるまい。

クルマというものはモデルチェンジを経るにしたがって、どうしても大きくなってしまう傾向がある。それは一つにはユーザーの側に「大きく、立派に見えるクルマがいい」という価値観が根強くあるからだ。また、乗り心地、スペースユーティリティ、エンジン、トランスミッション、補機類の取り回し等々、あらゆる面でボディを大きくしたほうが、手っとり早く目的を達せるという技術的理由も大きい。

とりわけ昨今のクルマは衝突安全のためクラッシャブルゾーンを１㎝でも大きく採りたいから、どうしても前後左右にふくらみがちだ。こいつは日本車だけにかぎらず、外国車でも同様である。たとえばＶＷゴルフだ。初代ゴルフは全長３７３０㎜、全幅１６１０㎜と、今のポロより小さかったぐらいなのだが、モデルチェンジを重ねるにつれて肥大し、今や全幅１・７ｍを超える。こいつがゴルフ本来の魅力をスポイルしている。

私は日本での乗用車の適正サイズは全幅１・７ｍ、全長４・５ｍ以下にあると思う。いわゆる５ナンバーサイズである。このサイズ内におさめれば、都市や高速道路も走りやすいし、エンジンは１・６ℓ程度でも十分だから、燃費もそこそこですむ。ここらあたりで魅力的なクルマをつくれないか。

レガシィが成功したのは、あえて5ナンバー枠を超えなかったことにあるというのは業界の定説だ。また、BMWの3シリーズがかくも人気なのは、やはりその手頃なサイズにあることはいうまでもなかろう。その点、トヨタの新しいアリオンはなかなかいいところをついているように思う。

小さなボディでスペースと安全を確保し、乗り心地もよくするというのは技術的にお金がかかって大変なのは重々承知しているが、もはやクルマは野放図に大きくなれる時代じゃない。何といってもここはアメリカじゃないのだし、本来、日本は小型車づくりを得意としてきたのだから。

クルマづくりで大事なのは骨太な理想だ

[2013年版 間違いだらけのクルマ選び はじめに]

豊田喜一郎の抱いた理想を思え

自動車づくりには何が必要か。優れた技術、資本力、時代の先を読み取るセンス等々いろいろあろうが、何より大事なのは骨太な理想ではないか。私はそう思っている。

戦後すぐトヨタが世に問うたトヨペットＳＡ、こいつは間違いなく国際級のクルマであった。ＳＡを見ると当時のトヨタの水準がわかる。ＳＡは当時の最新の技術でつくられていた。その1ℓ4気筒のＳ型エンジンは旧いサイドヴァルブ方式だが、バックボーンフレームを持つ、ＶＷビートルに似た4人乗りの2ドアボディには、何と全輪独立サスペンションが奢られている。コラムシフトも新しい。当時の日本が出しえたクルマの最高峰、当時のトヨタが考えた理想的な自家用車であった。

ＳＡは少年時代の私が暮らしていた水戸にも一台存在しており、珍しいクルマがあると室内を覗きこむのが常だった私は「ああ、コラムシフトなんだ」と感激したものだ。しかし、このクルマ、敗戦直後という時代背景のため、わずか二〇〇台ほどがつくられ、市販されたのみに終わる。

ＳＡの失敗に懲《こ》りたトヨタはその後、新しいＯＨＶ方式のＲ型エンジンの完成とともに、当時もっとも需要の多かったタクシーに標的を変え、タクシー向けのトヨペット・スーパーを登場させる。ＳＡでは全輪独立式だったサスペンションは前後輪ともにリーフリジッドに、シフターもフロアシフトとすべてヘビィデューティになってしまう。それでもトラックみたいなスーパーは生産コストが安く、頑丈だったので、当時の日本の乗用車として大いにもてはやされた。

だが、トヨタはスーパーの小成功に甘んじてはいなかった。トヨタは経済発展とともに日本にも本格的な自家用車の量販時代がやって来るとにらんでいた。その最初のクルマは一九五五年のトヨペット・クラウンだ。こいつはGMのシヴォレーを小さくしたような4ドアセダンで、前輪はダブルウィッシュボーンとコイルによる独立式、後輪はリーフリジッドながらバネは柔らかくされ、コラムシフトも復活した。上級車のデラックスにはラジオ、ヒーターが付いた。

クラウンに大きな影響を与えたのはクラウン誕生の三年前に他界した創業者の豊田喜一郎である。喜一郎は自分の理想とする自動車社会のイメージをもっていたのだ。いや、クラウンのみならず、かのSAに表現された理想は、あの武骨なスーパーにだって込められていたのだと思う。

アクセサリー満杯のやり方は喜一郎の方針である。まだまともな自動車メーカーの存在していなかった当時、喜一郎はトヨタ製の試作車に乗っていたが、そのクルマにはラジオが付いていたと聞く。ソニーがトランジスタラジオをつくる以前、すでに喜一郎はカーラジオを楽しんでいたらしいのだ。当時の日本はまだまだ自動車どころではないハズ、そんな時代に自家用車を持ち、そのクルマにラジオを付けるとはいかにも喜一郎らしい。

彼がどんな趣味を持っていたか知るよしもないが、あの時代にFEN(米極東軍放送)を聴いていたかもしれないナと想像すると、少しニヤリとしたくなる。

それからのトヨタはもうご存知のとおりで、マーケット優先のクルマづくりに徹している。かのSAがそのまま順調に発展していたらと思うと残念だが、日本は豊田一族が考えたように自動車大国になりおおせ、同時にトヨタは世界一の自動車メーカーとなった。五七歳で亡くなった喜一郎はトヨタの現在の隆盛を見ることはなかったが、その後のトヨタの発展を考えれば、創業者豊田喜一郎の理想はその後も守られ、現在にいたっていることは明らかだ。

今や日本のクルマはよくなった。品質、性能、技術ともに世界の一級品といえる。だが、もっとも大事なクルマの理想、喜一郎のような人がクルマにかけた思い、こいつが忘れられてはいないか。今、日本のメーカーはこぞって売れスジのミニヴァンや軽自動車にかまけ、国内市場はいわゆるガラパゴス化しつつある。こいつはとうてい世界に通用するものじゃない。

金儲け一本やり、ケチでビジネス上手と陰口を叩かれるあのトヨタにして、来るべき日本の自動車社会の理想像を抱き、それを実現すべくここまでやってきたのだ。意あって力なしはいい。意志さえあればいずれ力はついてくる。しかし、力あって意なし。こいつはやがて衰退の憂き目を見る。かのGMの倒産を見れば、それは明らかだ。明日を生きる力は理想によって導かれる。今の日本車メーカーはそれを忘れてはなるまい。

第8章

クルマ行政、けしからん！

日本はなぜかくも高速料金が高いのか。ETCやNシステムなど、ドライバーのプライバシーはどうなっているのか。クルマの登録はなぜかくも煩雑なのか。クルマは個人の自由、移動の自由をもたらすものという認識に立って、交通行政の問題点を厳しく批判する。

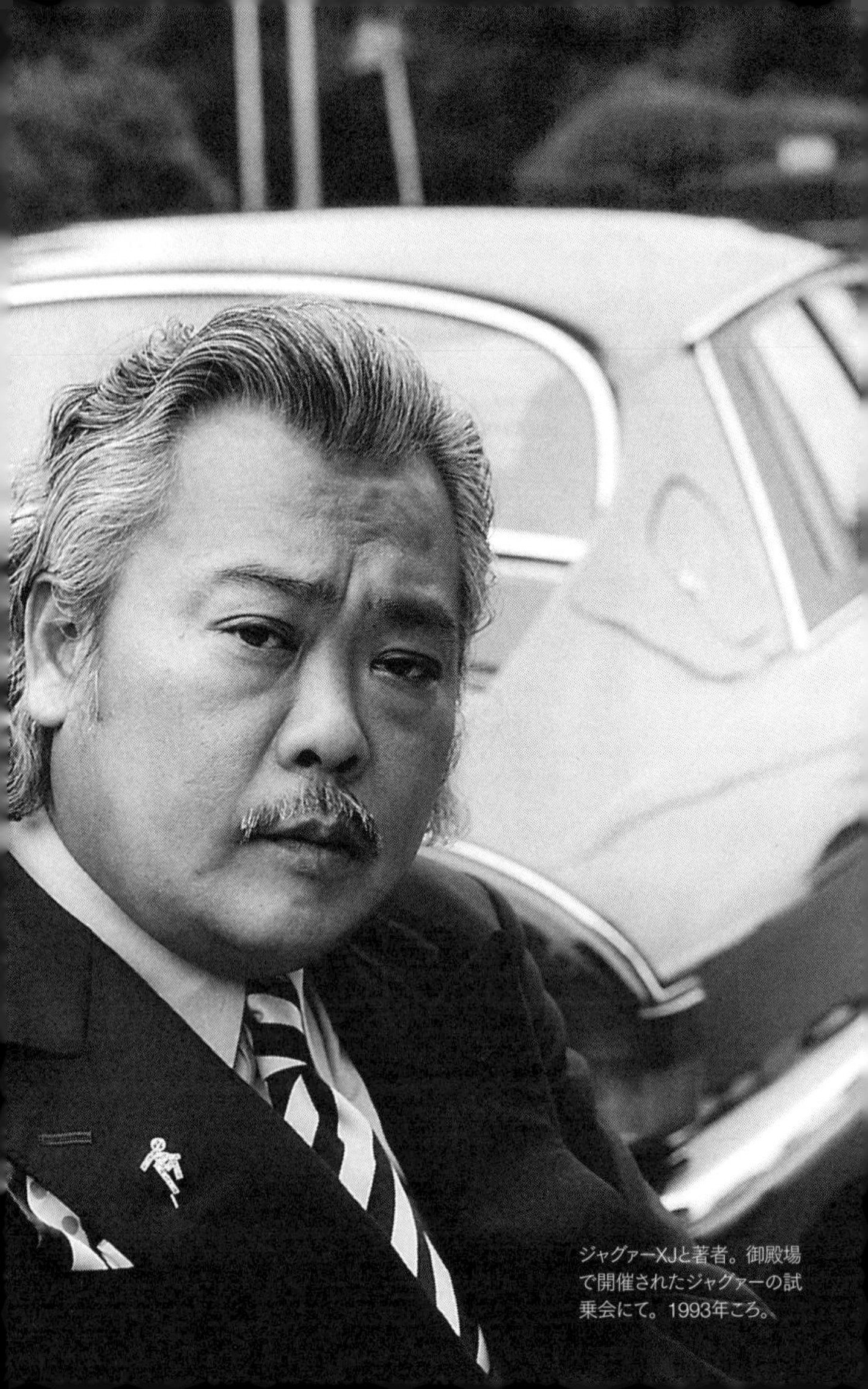

ジャグァーXJと著者。御殿場
で開催されたジャグァーの試
乗会にて。1993年ころ。

スピードは悪、の考えはもうやめてもらいたい

［1986年版 間違いだらけのクルマ選び］

日本人を大人にさせない政策なのか

おそらく多くの読者のみなさんは気づいてはいないと思うが、現在の国産車はすべて180km/h以上出ない設計となっている。設計となっているというのは正確ではない。180km/h以上出ないように他の手だてを用いているのだ。つまり、燃料のカットとか着火システムに手を加えるなどの方法で、180km/hを超えると、それ以上スピードが出ないようになっている。

どうしてこうなったのかはメーカーは答えてくれない。多分、これは運輸省の行政指導だろう。運輸省に聞くと〝危険だからメーカーが自主的にやっている〟という意味のことを答える。しかし、少し考えてみると、なぜ180km/hなのだろうと不思議に思える。だって、日本にはどこへ行っても合法的に100km/h以上出せる場所はない。むろん、最高速度が100km/hだから、クルマも100km/h出りゃいい、というのはクルマを運転できない人のいうことだが、それにしても100km

／hに比べれば１８０㎞／hというのはとてつもなく法を超えたスピードだと思うのだが。

それに、今や１・５ℓ級のクルマでも１８０㎞／h近く出るクルマはザラにある。だから、ことスポーティなクルマに関していえば、１・５ℓも３ℓも最高速度は同じということになって、これもおかしな話だ。もう一つ問題がある。今や日本のクルマの輸出は小型実用車からより高級なものに、より高性能なものに変わりつつある。西ドイツ車の高性能の信用が速度無制限のアウトバーンから生まれることはよく知られた事実だが、もし日本車も将来、高性能を売りものにするのなら、この１８０㎞／hは障害となるかもしれない。現にフェアレディZやRX－7だと、１８０㎞／hというのは加速中のスピードなのだ。

スピードは悪という考え方はもうやめてもらいたいものだ。日本の自動車の技術はここ二〇年で大幅も大幅、大大幅に向上した。しかるに時速１００㎞／h、40㎞／hのスピード制限は昔のままである。加速性能も減速性能もよくなったのに。それに、この１００㎞／h制限が積載と自重を合わせて20トンを超えようとする大型トラックと20㎞／hの差というのはどうしても解せない処置だ。この種のトラックはブレーキも加速も、１トンそこそこに１００馬力の乗用車とはまるで違う。せめて乗用車の制限速度を１３０㎞／hに上げたら高速道路上の安全性と安心感はうんと高まると思う。

民主主義というものは、〝自分は100㎞／hの速度制限を守る。仮に、なんらかの理由でそれを守らない人がいたとしても、彼は彼、私は私〟という考え方が根底となるべきだろう。どうも、この日本ではこの個人主義が権力でコントロールされる傾向にある。それはそれである背景を持っているのだろうが、それではいつまでたっても、われわれ日本人は大人になれないような気がする。それがまた為政者の思うつぼとしたら、嫌なことだ。

クルマ悪者論で、すべてを裁くのは考え直すべきだ

あらゆる責任をドライバーに押しつけるのは間違っている

［1986年版 間違いだらけのクルマ選び］

今のクルマは相当よくなった。しかし、交通事情はどうかというと、いっこうによくならない。市街地の渋滞は日に日にひどくなり、事故の件数も減っていないようだ。

そして、クルマとはいまだ社会の害悪とする気風が抜けず、何かといえばクルマが悪

者にされる。

　その一つの例がクルマが事故を起こしたときに問われる〝前方不注意〟〝安全運転義務違反〟であり、そして原因として浮かび上がってくる〝スピードの出しすぎ〟である。事故を防止するためには、何かというと〝徐行せよ〟という。〝じゃ、徐行って何だ〟と聞くと〝クルマがすぐ止まれるスピードだ〟という。私にいわせればそうじゃない。もともとクルマというものはある重量を持っているから、どんなスピードでも、走っていればすぐには止まれないというのは、いまさら力学の原理を示さずとも誰にも理解できよう。しかるに、事故の原因が前方不注意やスピードの出しすぎというばかりでは、この力学の原理をどう解釈すべきだろう。社会がクルマというものを認めたときから、このすぐには止まれないという問題があったはずだ。これでは運転者に予知能力を要求しているも同然だ。

　それに事故の無過失責任。これも日本が後進国でクルマに乗る人と乗らない人がハッキリと分かれていた時代の遺物ではなかろうか。今や四〇〇〇万人以上が運転免許を持つ時代である。

　確かに交通事故は不幸なことだ。こいつを一件でも減らしたい。これは私の願いでもある。しかし一方で、社会はクルマを必要なものとして認めている。このことを感情ではなく、冷静に考える必要がある。〝人間の生命は地球より重い〟的建て前論ではなくて、もっと現実的な議論が必要である。私にいわせてもらえば、残念ながら、この世の中では、各人の生命もいざとなると法的には優先順位がつけられるのだから。

上級公務員のほとんどは自分でクルマを運転しないという。もし事故に遭ったら出世に影響があるのだろう。実際、事故が起きた場合、加害者は被害者と同じくらい社会的な制裁というダメージを受ける。一方でクルマの必要な生活を強いておきながらである。

クルマはまだまだパーフェクトではないという現実があるにもかかわらず、一度、事故が起きると、事故を起こした人間は再起不能なほどやっつけられるというのはどういうものだろうか。私はときおり加害者のその後の人生を知ると恐ろしくなる。そして、社会正義というのは何だ、そんなものが日本にあるのかといいたくなる。

こんな現状ではお役人ならずともクルマを運転したくなくなる。しかし、お役人のように運転しなくてすむ人はまだいいのだ。現実には運転したくなくても、運転しなければならない人がたくさんいるのである。その点では日本は間違いなくクルマ社会なのだ。

今こそ、交通事故とその被害者、加害者の問題を冷静に議論する必要があると私は思う。

クルマをやたらに止めるのはやめてもらいたい

［1988年版 間違いだらけのクルマ選び］

渋滞は基本的人権の侵害ではないか

東京の街はいつもクルマで混んでいるが、昨今はまた一段と混んでいる。それというのも皇室の誰かが沖縄に行くことが決まり、それに反対する過激派（少しも過激じゃなくて、ただ花火遊びみたいなことしかできない、ごくごく穏健な集団と思っているが）が動いているとかで、都心のあちこちで、やたらと検問とやらをやっているのである。

これがたいてい二車線のところでやるのだからひどい。いつぞやは、いつもなら三分ぐらいで通過するはずのところが、何と一時間もかかる。いったい何なのだと思っていたら、この検問とやらで、一車線まるまるつぶして、のんびりと警察官が手もちぶさた風に立っている。正直いって私は、ものすごく腹が立った。何のための検問なのか、誰のための警察なのかと思ったのだ。

だいたい腹が立つのは、日本という国は、クルマ（もちろん、この場合ごくごく一般の人が乗るクルマであるが）を止めるということを何とも思っていないことだ。何かあると、すぐクルマをストップさせる。私はクルマに乗る人には、すみやかに走り、目的を達する権利があると信じている。たいした理由もなく止められたり、渋滞を強いられるのは基本的人権の侵害である。このことが交通をつかさどる警察にはわかっていないか、その意識がないとしか思えないのは、まことに残念である。

渋滞は個人のかぎられた時間（人間の一生は七〇年としても、わずか六一万時間少々しかないのに）を奪っていく。もし、検問が普遍的に見て正当な理由があるなら、これはいたしかたない。しかし、もし、その正当なる理由なくおこなっているとしたら、こいつは問題ではないかと私はみなさんに訴えたい。今日の検問については、国民、あるいは都民の十分な理解を得ているとは思えないのだ。

また高速道路の、さして必要とも思えない工事や、よく理由のわからない車線の制限、こういうものはそこに居合わせるドライバーの時間を、不当に奪っている。こういうことをするには、正当な理由がなくてはなるまい。同じようなことが事故の処理についてもいえる。その事故の大小を問わず、その処理に当たる人間の判断で、その道路を一気に渋滞させることができる。えんえんと渋滞でイライラと一時間ぐらい走ってみたら、そこは事故処理中で、しかも少々の物損事故というケースがよくある。何とかならないものか。

それもこれも、最大の原因は、クルマを止めることを何とも思っていないということとに尽きるのである。そこに乗っている一人ひとりの人間の権利など、どうでもいいという思想こそ問題なのだ。つきつめていけば、こいつも政治の問題なのだろうが、この国では偉い人はショーファードリブンのクルマに乗るし、もっと偉い人はパトカーに先導させるから、こういうことはわかるまいと思う。しかし、ドライバー一人ひとりがあらゆる機会をとらえて、彼らにわからせる努力は必要だろう。

［1997年版 間違いだらけのクルマ選び］

クルマ登録の簡素化こそ、早急におこなうべきだ

クルマ買うのに印鑑証明なんてやめてほしい

今や日本は規制緩和の大合唱である。しかし、その規制緩和、なかなか進まない。それはそうだろう。自分の利権を失いたくない人、組織をつぶしていかなくてはならぬのだから。

それはともかく、この機会に私は自動車の登録手続きの簡素化を提案したい。今の日本では自動車を買うにあたって印鑑証明が必要だ。しかし、いったい自動車という

ものはそんなに重要なのだろうか。車庫証明という不合理なシステムもそうだ。連続八時間以上の駐車が禁止されている大都会では車庫証明が必要だ。そのためクルマを買おうとすると、煩瑣《はんさ》な書類手続きで何かと面倒だ。それはこの国の後進性だと思う。合理化の大好きな日本で、この問題が話題にならないのはどうしてだろう。

日本の自動車界の問題にディーラーシステムがある。このディーラーというのが、やたら金を食う体質だ。それは、セールスマン一人当たりの月当たりの販売台数が少なすぎるからだ。セールスマンは一台のクルマを売るための書類を集めるのに、手間と時間がかかりすぎて、クルマを数多くさばけない。やれ印鑑証明だ、やれ車庫証明だと、いちいちお役所に足を運ばなくてはならぬ。印鑑証明も車庫証明も有効期限があるので、あらかじめ取っておくというわけにもいかない。そのため日本の自動車セールスマンは、どんなに働いてもひと月一〇台くらい売るのが限度だといわれる。

ま、労働のシェアという点ではこういうシステムは悪くないかもしれない。しかし、国際競争となると、とたん不利になる。日本のクルマが外国に比べると高価なのも、このへんに原因の一端はあろう。外国、たとえばアメリカなどは、日曜日、お父さんかお母さんが子供を乗せてディーラーに行く。そこで交渉が成立すると、自分のクルマを置いて新車で帰ってくる。それだけだ。むろんアメリカだっていろいろな書類もあるし、税金だってかかる。しかし、その手続きはずっと簡単なのである。

これだからアメリカの自動車セールスマンは月に三〇台も売ることができるのだ。もし、この問題が解決すれば、それは日本の自動車界に大いなる改革をもたらすハズである。しかし、そのことに気づきながらトヨタが政治的に動かないのはなぜだろう。規制緩和の風が吹いているときこそやれることなのだが。

確かにこのような改革は代書屋さんを困らせる。しかし、この問題は代書屋レベルでなく、日本経済の基本にかかわることだ。クルマの登録の簡素化は、大きくいえば日本の先進国への道の一つなのだ。

このシステムの変更は、きっと日本の家庭の家計にも影響を与えるだろう。何年かに一度のこととはいえ、登録手数料も無駄な出費だ。とにかくクルマを買うのに、もう印鑑証明はナシにしてもらいたい。クルマをたいそうな財産視するのはもう三〇年も四〇年も昔の話である。冷蔵庫やＴＶセットを買うのに印鑑証明はいるだろうか。クルマだって同じなのである。

［1998年版 間違いだらけのクルマ選び］

Nシステムっていったい何だ？怪しいゾ

なぜ大新聞もこれを許しておくのか

最近、よく幹線道路の上に、たくさんの録音マイクやレーダーのようなものがぶらさがっていたり、監視カメラのようなものがずらりと並んでいるのを見かける。私は知らなかったが、聞くところによると、これらもろもろのものは「Nシステム」と呼ばれる、警察庁の管理になる道路の上を移動するクルマを二四時間キャッチするシステムなのだそうだ。

つまり警察は、日本中のドライバーとクルマが、いつどこへ行ったか、そのルートは、ということを、当人の気づかぬうちに掌握しておきたいらしいのだ。そして、このシステムはすべての道路をカバーしているとも聞く。とすると、こいつはとんでもない人権侵害じゃないだろうか。

あのいまいましいスピードトラップと同じようなシステムが、まったく別の目的で、常に作動しているということである。スピード違反チェックの目的は持っていないようだから、その点は多くの読者も安心だろうが、こういうときの日本人の反応は、はなはだナイーヴだ。おおかたの人は「悪いことをした犯人をそれで追いかける」という説明で、率直に納得してしまう。

しかし、私はこういうことに気づいたとき、必ず「どうして?」と考えるタチだ。そして、たとえ悪いことをしようとしまいと、私は自分のプライバシーがある種の人間たちによって、いつの間にか知られているということを好まない人間なのだ。少なくとも、私はこのNシステムなるものについて興味を持ったので、こいつを調べようと思っている。

このシステムによって捕まえられた凶悪犯はいる。あのオウム事件のときも、このシステムがフルに働いたらしい。しかし、大新聞も、なぜかこのことについてはあまり触れようとしない。本当におかしなことである。

いや、そういえば、このシステム、はじめは少し問題になった。確かあのとき、警察庁は犯罪捜査には使わぬと明言したのではなかったか。ところが、それが実は使われているとわかったのは、あのつくば市の医師が妻子を殺害した事件からではなかったか。

こういうシステムを政治家が許しておくのもおかしいと思う。ある種の人間に、特定の政治家自身のプライバシーが握られているということは、民主主義で選ばれた者に対する重大な脅威ではなかろうか。

多くの読者はそんなことってあるの? と疑問を持つだろうが、権力者は何でもできるのだということだ。しかし、民主主義のもとでは、こういうことをするにも法律が必要になるはずだ。いったいどんな法律がこのNシステムを働かせるのだろうと私は思う。

何度もいうように、もともとこういうことは大新聞などが勇気をもって調べ、キチンと報道して欲しい。少なくともジャーナリストであるならば、誰しもこのNシステムを不思議なものと感じているはずである。

料金自動徴収はいいが、プライバシーは大丈夫か

[2000年下期版 間違いだらけのクルマ選び]

やがてクルマはネット化し、パソコンと同じになる

ITSがいよいよ今年から本格的に導入される。ITSとは「高度道路交通システム」のことで、コンピュータと通信を使って交通を安全かつ効率的にしようという、

産官による国家プロジェクトだ。すでにはじまっている渋滞情報案内（VICSなど）に次いで、料金徴収の自動化がはじまる。これはクルマに、高速道路のゲートに備えつけられたセンサーが認識するチップをつけておき、そのクルマが定められた料金所を通過すると、料金が自動的に計算され、指定の口座から引き落とされるというシステムである。いちいち料金所でストップしておカネを払わなくても、ゲートを通過するだけでオーケーというわけだ。私もこのシステムに参加したいと思い、現在、調べているところである。

道路公団では、ITSのシステムが完成すると、いろいろなことが可能になると研究中である。やがては建設、郵政、運輸などの役所が協力して、相当すごいことを考えているらしい。こいつは将来的には、個々の自動車をコンピュータの端末として考えるようなシステムだといえよう。

ITSの主役は各車につけられたカーナヴィである。もちろん、現在のカーナヴィに特定のパーツを付加する必要はあるのだが、それを利用して、将来は完全自動運転まで持っていくところまで予想されている。もっとも、そうなるには早くても一〇年ぐらいはかかるらしいが。

通信システムには携帯電話が使われ、相互に接続されてネット化される。当面は中央のコンピュータによって各社のサービスが受けられるが、実にさまざまなサービスが可能となるらしい。

クルマが端末になるということは、ホストコンピュータのようなセンターとつながることでパソコンと同じ機能を持つことであろう。このことは、特定の人間がある意思を持って、クルマに乗る人々をコントロールしようと思えば可能になることを意味する。もはやSF小説の世界だ。おそらくこのシステムを利用した犯罪も登場することだろう。

ま、二一世紀という時代はそういう時代なのだろう。とはいえ、日本人はとかく便利なモノに飛びつきたがるから、安易に賛成しているうちに怖いことにならねばよいがと思う。便利なものには必ず落とし穴があるものだ。

本当に確実なコントロールができるかも気になるが、それ以上に心配なのは、個人のプライバシーが守られるかどうかだ。この場合、プライバシーを侵そうとするのが国家だったりしたら、本当に怖いじゃないか。このシステムがドライバーのプライバシーをどう保護するのか興味あるところだが、実はもう数カ月後に迫っていることなのである。

高速道路の料金徴収所はとても混む。それを解消するために自動徴収化するのはいいとしても、私の気づかぬうちに、徳大寺が何月何日何時何分に、どこからどこまで行ったなどということを、誰かが記録しているということになると、オイオイ待ってくれヨといいたくなる。

無駄に造って誰も使わないなんて、バカげている

［2003年冬版 間違いだらけのクルマ選び］

道路の必要性はもっと科学的・合理的に考えるべきだ

道路公団は大変な借金を抱えている。にもかかわらず、返済の日当てもなくどんどん高速道路を造っている。数年前、私は本書できっと道路公団はかつての国鉄のようになるだろうと書いた。日本中に立派な高速道路ができて、その道はガラガラに空いていて、やがてペンペン草が生えていくだろうと。

ようやく一部の人がそれに気づいて、考えはじめたようだが、一つだけはっきりしているのは、道路公団というのはもはや制御不能の道路建設マシンだということだ。その造った道がどんな仕事をするのかも考えないで、ただ、日本全国に立派な道を造ろうとしている。国民の金を湯水のごとく使って、使いもしない道路を造るのもいいかげんにして欲しいと思う。

すでに九州や東北の道はとにかく利用者が少ない。しかもこの先、日本の人口は急速に減っていくのだ。現在［二〇〇二年］、日本の人口は一億二〇〇〇万人、運転免許者は七〇〇〇万人以上、クルマの保有も七〇〇〇万台、それでも地方の高速道路はガラ空きなのだ。この地方の立派な高速道路を走ると私は本当に心配になる。それでも道路公団は道が足りないから造るというのか。これから人口が減っていくことを国や公の機関は真剣に考えなければならない。無駄をなくさないと、日本は破産するぞ。

現に国の予算はすでにパンクしている。国債はどんどんふくれ上がり、この国債の金利を払うためにまた借金をくりかえしている。国そのものが借金地獄に陥っているのだ。道路公団のような公《おおやけ》な機関はそのことを何より考えるべきだ。親方日の丸もけっこうだが、その親方が沈没してしまったら、自分だっておしまいだということに気がつかないのだろうか。

道路の寿命は長く、その保守には大金がかかる。それなのに日本中、津々浦々に本格的な往復四車線の高速道路が本当に必要なのかどうか、国民全体で考える必要がある。その必要性を科学的に見積もって、それでも必要な道は造ればいい。道路を欲しがる側も少しは合理的に考えるべきだ。

道路公団のやり方は建設費を利用者に払わせるというものだが、必要なものは国が税金でやればいいと思う。なるほど第二東名などは必要だろう。しかし第二東北道はいらないし、クマしかいないようなところに道路はいらない。やがて国の施策により仙台あたりが大都市となり、五〇〇万人の人口を抱えるようになったら、東京―仙台はもう一本道がいるかもしれないが。行ってみればわかるが、東北道も北陸道もガラ空きだ。理由は簡単、料金が高すぎるのである。東京の感覚でも高いが、平均物価が低い地方の人々にとって、あるいは会社にとってはなおさら高速道路は高く感じられるだろう。いい道を造ったらなるべく安く通してもらいたい。それでこそ道は国民の財産といえるのだ。立派な道を造ったはいいが、誰も利用せず、国民の多くがこの道の借金のために苦しむのは、どう考えたってバカげている。

道路は造るためではなく使うためにあるのだ

全体の効率を考えれば料金を下げるべきだ

［2004年夏版 間違いだらけのクルマ選び］

国土交通省は、全国のいくつかの地域で有料道路の値下げ実験をおこなった。値下げすることで高速道路の利用者がどれだけ増えるのか、その結果一般道の渋滞がどれだけ解消するのか、ある一定期間にかぎって「社会実験」をしてデータを集めたのである。

案の定というべきか、小学生でもわかる結果というべきか、多くの地域で高速道路利用者が増え、一般道の渋滞が緩和している。たとえば、常磐自動車道の日立北―日立南太田では、〇三年一一月から一二月にかけての一カ月間、通行料金を通常の六五〇円から三〇〇円に下げて、その結果を調べたのだが、朝の通勤時間帯に日立市内の渋滞が大幅に緩和されたという。路線バスの所要時間は13％短縮され、マイカーの通勤時間は平均四分短くなった。

これを社会的コストに換算すると、一日当たり一五〇〇万円の削減になるという。むろんCO_2の削減にもつながっているわけで、その社会的メリットはこの金額よりはるかに大きいだろう。他の地域でもおおむねその結果は良好だったようだ。

悪名高き東京湾アクアラインでも、一昨年からこの実験をおこなっている。普通車の料金をＥＴＣ搭載車にかぎって、三〇〇〇円から二三二〇円に下げているのだ。ＥＴＣ搭載車のみというところが、いかにもお役人の考えることらしく姑息《こそく》である。不人気で普及のはかどらないＥＴＣを付けたら、安くしてあげますヨというのである。

その結果といえば、利用者の増加はほとんど見られなかった。とにもかくにもアクアラインは料金が法外に高く、こいつは一〇〇〇円を割るぐらいでないと、とうてい相手にしちゃもらえないということだろう。ところが、アクアラインをとおるクルマの内訳を調べると、ETC搭載車の割合が他の高速道路より圧倒的に高くなった（全国平均は一割強だがアクアラインでは三分の一がETC搭載車）。こいつはETC普及に効果があると味をしめたか、公団はこの実験を来年まで延長するんだそうだ。

何ともまあ、姑息というか、役人のすることはいつもこうなのだ。渋滞の解消とか、社会への還元なんてことは彼らの頭の中にはこれっぽかりもないのだ。

それはともかく、これらの実験結果が示していることは何か。

つまり、日本の高速道路はあまりにも高いのである。せっかく建設しても、それを造った地元の人たちが使えないぐらい高いのである。日本の高速道路は世界一というかダントツ、異常だ。この料金は何とかして欲しい。早急に安くしないと、社会全体へのダメージは計り知れない。

道路公団という役所だか、民間の会社だか、なんだかワケのわからないこの団体は、いったい何を考えているのだろう。

大臣がクビといっているのに、平気で居直る総裁がいるのだから、どうやら世間の常識が通用するところではないらしい。とにかくこの団体は道路という利権を持っているので強い。そこへ小泉首相が切り込んだというのが道路公団民営化の一件だろう。もともとこの手の建設利権は旧田中派からずっと続いたもの。そこへ手をつけた結果が、あの永田町のごたごたということだ。

必要な道路を安く造ることを考えよ

ま、全国に等しく建設されてきた高速道路も、もういらぬ。これを続けていると、膨大な借金の山がさらに大きくなるだけだ。今度ばかりは、道路公団清算事業団なんてわけにはいきませんぜ。国鉄以来の国民の負担がまた増えるだけだ。

高速道路は利用者負担が原則だが、現在の高速道路でペイしているのはごく一部だけ、ほとんどが赤字路線だ。それを無理やり造ろうというのだから、どうしたってしわ寄せがくる。

そこで代案が出てきた。東名、名神のような立派な本格的高速道路は一部だけとして、自動車専用道でいくかという案である。

神奈川県に小田原厚木道路という自動車専用道がある。ニューカーの試乗でよく走る箱根ターンパイクにつながる道なので私はよく使うのだが、この道は70㎞／h制限である。高架でもなく、周囲から柵とガードレールで囲っただけの片側二車線の道路で、実際には100㎞／hぐらいで走れるが、坂の勾配が小さいとかカーブがきつくないといった、お役所の決めた基準を満たしてないから70㎞／h制限なのだ。

従来の規格の高速道路に代えて、この小田原厚木道路のような道を造ったらどうかという提案である。この「オダアツ」程度の基準で造れば、道路建設費はずっと安くなる。どうしても高速道路が欲しいという地元の要望にも応えられる。いい妥協案ではないか。

しかし、道路公団はそれをやりたがらない。建設費が安いということは、その地元に落ちる金が違う。金が落ちなきゃ、政治家は選挙に当選できないということなのだろう。そもそも地元に落ちる建設費は一部に過ぎぬ。建設予算の相当の部分は、地元ならぬ大手ゼネコンが持っていってしまうというのに。

とにかく、すべてとはいわないが、国の予算がこういう状態なのだ。「これが政治さ」と割り切れる御仁はそれでいいかもしれないが、私はけっしてそうは思わないから、清き一票を投じるべく、選挙には必ず行くようにしている。私も、実際クルマを使う立場から、高速道路は「オダアツ」程度で十分だと思う。そしてオダアツくらいの道にサービスエリアが30～50㎞に一カ所あればそれでいいと考える。

日本の高速道路の料金はざっと500㎞で一万円である。東京からだと大阪、金沢、岩手あたりまでがこの一万円だ。どう見ても高すぎる。1・8～2ℓのクルマで500㎞往復の旅は、高速道路が二万円、燃費が10㎞／ℓとして、ガソリン100ℓで一万二〇〇〇円、これだけで三万円以上かかるのだ。行って帰ってくるだけで三万円は高すぎる。しかも自分で運転し、マイカーを償却しながらである。もし、高速道路料金が現在の半額になったら、都市から地方への旅行客は飛躍的に増えるだろう。一万円ぶんが宿代になる。お土産代になる。そのお金はその地方に落ちるということだ。

地方の一般道の渋滞は解消し、社会的な経費が大幅に削減されよう。むろんCO_2の削減にも大きく寄与するはずだ。トラックなどの流通経費も安くなるから、消費者物価にも反映する。社会全体に大きな経済波及効果があるはずだ。いいことずくめではないか。

食事代よりもガソリン代よりも高い高速道路代。これでは国民はレジャーなんかに行くわけがない。そう思っていたら、昨今では正月や盆も高速道路はあまり混まなくなった。このことこそ国民の意思の表れなのだ。小泉さん、わかってますかね。そもそも道路はみんなが使うためにあるんですよ。

第9章

ユーザーが賢くなれば、クルマはよくなる

その国の自動車文化は結局、ユーザーの意識しだい。クルマを経済的に使うには、クルマを楽しんで乗るには何が大事なのか。長年の体験にもとづいてユーザーに贈るアドバイスの数々。

千代田区番町のイギリス大使館のそばに、2000年代半ばくらいまで仕事部屋を置いていた。机の上には、「モノ好き」の著者らしく面白そうなモノ・資料がたくさん置いてあり、訪れる者の興味をそそった。1999年1月撮影。

クルマは買っても売っても損をする

［正篇・間違いだらけのクルマ選び　1976年刊］

目先の得を追っても結局はメーカーの思うつぼ

下取りがクルマ購入の最後のキメ手になっている。〝競合〟といって、最近のユーザーはA社とB社二つ以上のディーラーを競争させ、自分の下取り車を一万円でも高くつりあげるテクニックを知っている。原則として新車の価格は値引きしないことになっているので、下取り車を査定価格より高く買いあげることにより、ディーラーは値引きと同じ効果をもたせようとしているわけだ。この場合、どんなものであっても、下取り車がないと話にならないので、ポンコツ車を買ってきて、下取りに出すという、バカなテクニックまで生まれてくるのである。

この下取り価格、中古車のリセール・バリューを考えれば当然ではあるが、人気のあるクルマは高くなり、人気薄のクルマは安くなる。そこで新車を選ぶとき、あらかじめ下取りの高くなりそうなクルマを選ぶという気風が強い。クルマなんて動けばいいんだという御仁には、それが正解だろうが、そうばかりはいってられない。気に入らないクルマに三年も四年も乗るのはつまらないし、経済的に見ても損だろう。二年で新車に替えさせるというメーカーの利益追求に少しでも協力しようとする人ならともかく、これからは気に入ったクルマに長く乗ることがカンジンだ。最低五年乗ると考えても、わずか五万円の差は、月にして約一〇〇〇円の得にしかならない。それなら、気に入ったクルマを長く満喫したほうが、はるかに得ということになるのだ。

いずれにしても、二年でクルマを買い替える行為は、メーカーとディーラーを益させるだけの愚行。昔の中古車部は、ディーラーの新車部の整備係的存在であり、新車を売るための付属部門であったが、今は利益を生み出す主要な源の一つとなっている。というのも、昔はいくら高く買いあげても、実際には新車を値引きしたことなので、中古車の価格とは無関係と考え、下取り価格より査定価格中心の考え方をしていたわけ。ところが、現在、ディーラーの中古車場に並ぶクルマは、下取り価格にちょっとした整備費と大きな利益を乗せているのだ。つまるところ、ユーザーは、クルマを買っても、売っても（下取りに出す）、メーカーやディーラーを儲けさせ、自分は損をするのである。

ところで、こんな例にぶつかったことはないだろうか。買おうとする新車の種類によって下取りの高い場合である。それは、たまたま対象車種が特別セール中なのだ。具体的には昭和五〇年［一九七五年］秋のカローラ。メーカーがこのクルマを大セールしたときで、そんな場合は、どの下取り車でも大変高い。ところが、そのときの新車は次の買い替えの際にそのぶんだけ査定が低いので、結局は同じことなのだ。

同じような例は、ライバル車のシェアを食おうとするときにも現れる。たとえばブルーバードがコロナのマーケットを食おうとすると、コロナの下取り価格を高くして、ブルーバードの新車と取り替えさせるわけである。以上のように査定というヤツもなかなか複雑なもの。査定員という資格は、一見公《おおやけ》のようで、各メーカーやディーラーの意向をくんでいるから不思議なのだ。要はユーザー一人ひとり、目先だけの利益にまどわされないことが大切であろう。

［1980年版 間違いだらけのクルマ選び］

一度買ったらポンコツになるまでつき合え

八年10万kmが一つの目安だ

クルマにかかる費用のうちもっとも高いものは税金である。物品税、自動車税、重量税、取得税、それにガソリン1ℓ当たり四五・六円の揮発油税［いずれも当時］、高速道路の通行税と並べてみてもわかるように、クルマとは〝税金の塊が税金を燃やして〟走っているようなものだ。けれど税金を払わないワケにもいかないし、節税といってもそう大幅にはやれない。庶民にできるささやかな抵抗といえば、せいぜい小さなクルマを選ぶことぐらいしかないだろう。

一番金を食う税金を節約できないとしたら、次はクルマ自身で節約するしかない。クルマにかかる費用の二番目は〝クルマの償却費〟ではないかと思う。まず現在の一般的国産車は一〇〇万円のニューカーが一年で六五万～七〇万円になる。二年目で五〇万～六〇万円、四年目は三五万～四五万円というところだ。すなわちもし一年で乗り替えた場合には三〇万～三五万円値下がりし（償却し）、二年では二〇万～二五万（年間）、そして四年乗れば一四万～一六万円の年間償却費ですむ計算だ。もちろん一〇年乗ればそのクルマの残存価値は0ということになるだろうが、償却費は年間実に一〇万円ですむ。

私の知るかぎり、一般ユーザーはあまり償却費を気にしないように見える。だが、10％くらいの燃費節約に目くじら立てるくらいなら、償却費をもっと気にして然るべきである。ユーザーのふところ勘定としてはこちらのほうがずっと大きいのは誰にだってわかるハズだ。

この前イギリスの自動車雑誌に興味あるレポートが載っていた。クルマをいつ乗り替えるかについての実験なのだが、項目が二年、四年、六年そしてポンコツまでとなっている。さて結果はというとポンコツになるまで乗るのが一番経済的だと証明されたそうだ。なかなかイギリスらしい記事でおもしろかったが、かといって、これを事情の違う日本にそのままあてはめるワケにはいかない。

日本では二年ごとの車検があるし、最近では修理費もバカにならない。そこで私は八年、10万kmという数字を一つの目安として提案したい。日本のマイカーは年間平均走行1万kmが普通だろう。八年ではおよそ8万～9万kmということになる。

ただし、年間3万kmも乗る人はクルマを仕事に使っていると考えてよく、この場合には四年で乗り替えるのもいいと思う。一般に、短時間で長距離乗るクルマはボディその他の傷みが少ない。タクシーがそのいい例である。四年で乗り替えるというのは少々もったいない気がするかもしれないが、それだけ乗ればユーザーにとっては目に見えない経済効果が得られているハズだから、ソロバンも合うというワケだ。

二年で買い替えれば得というバカな考え方は最近ではさすがになくなったらしい。それでも三年、四年の買い替えはやはり多い。四年で4万kmとしても丈夫な国産車はまだまだ使える。もったいない話である。

かかりつけの修理屋を持っていると便利だ

［クルマ選びの基礎知識 1983年刊］

修理はディーラーなら安心、というわけでもないのだ

私は仕事の関係上外国車を所有することが多い。それは多分に勉強のためであるが、フェラーリのようなクルマもあれば、ポンコツ寸前のものもありとさまざまである。経済的な理由もあってとにかくニューカーは買わない。だから修理屋さんはとくに大切である。

自分のクルマの修理屋さんはかかりつけの医者みたいなもので、できればなるべく自宅の近くで、なるべく変えないほうがいい。この近所の修理屋さんがあるかどうかが自分のモーターライフに大きな影響を与える。私についていえば、こうした親しい修理屋さんが三店ほどある。

それは高性能スポーツカーの扱いがうまい店、ごく普通のクルマの整備をていねいにやってくれる店、そして、ごくむずかしい古いクルマをていねいに直してくれるところである。

修理屋さんにも得意、不得意がある。エンジン屋さんにドアの修理を頼んでもうまくいかないし、その逆も同じだ。私はそんなワケで三つの店を使い分けている。むろんその三つの店のおやじさん（といっても若い人だが）とは友人同士のつき合いをしている。多分、私は自分のモーターライフが大変化を起こさないかぎり、この三店とつき合っていくと思う。

たいていのユーザーはニューカーを買ったら修理はそのクルマを買ったところ、つまりディーラーへ持っていくことになる。ディーラーにとってクルマを売ることは大切なビジネスだが、このアフターサービスも重要な収入源である（ユーザーにとって無料の整備も、メーカーがディーラーに支払うのだ）。

この大ディーラーはデパートの食堂のようなものだから、たいていのことはできるし、そのクルマの専門店という強みもある。しかし、ディーラーの整備というのは最低限の基準は守られているとしても、けっして上の部類ではないのだ。私なら1000km整備をはじめとする無料修理の期限がきたら、さっさとディーラーから離れるだろう。

そして、近所の修理工場を探す。これは近所なら誰でもいいというものではない。これから長いつき合いをするのだから、ユーザーのあなたと気持ちが通じ、とにかく仕事ぶりも気に入る必要がある。一度や二度ではそうした店は探せないかもしれない。

試しに一つ二つの仕事をやらせてみないと腕前だってわからないのだから。

これは大変なことだ。ディーラーとつき合うのとはワケが違う。しかし、この努力が実って、もし気に入った修理屋さんが見つかればディーラーの倍もいい思いをさせてくれる。よい修理屋さんとは単に安いだけでなく、仕事がていねいで、しかも大きな修理の場合は保証までしてくれるようなところである。

こういう修理屋さんが見つかったらクルマ選びの相談もできるし、外国車の中古車でも自信をもって買うことができる。

とにかくカーライフを安心なものにするには、いい修理屋さんにめぐり合うことだが、それにはあなたのクルマ知識も磨かなくてはなるまい。

［クルマ選びの基礎知識　1983年刊］

適当に傷んでいるほうが安心できる

そんなに安くていい中古車などあるわけがない

中古車に掘り出しものなどめったにあるものではない。これは私の中古車選びの信念である。だから、私はいつもほどほどの程度の中古車を買うことにしている。いや、結果として、ほどほどのものしか手に入らないといいかえてもいい。

中古車の情報は、そこら中にころがっているが、とにかくそんなに安くていいクルマなどあるわけがないと決めてかかったほうが安全である。だから、私の中古車を選ぶ条件の第一はまず外観が異常にきれいなクルマは疑ってかかることだ。つまり、外観も内装も走行距離（オドメーターは信用できない。私は使用年数×7000kmぐらいを目安にしている）、年数を考えると適当に傷んでいるはずなのだという考え方である。

自分のクルマの使い方から考えてみても、世の中にそうきれいな中古車などあるワケがないと思えるのだ。だからよい中古車にめぐり合うためには、まずは適当に傷んでいるクルマでガマンすること。

次に車検の有無にこだわらないことだ。私は長くて二年、短いときは一年で手放す。しかし、そのあいだ、そのクルマを骨の髄まで味わいたいので、調子は最高にしておきたい。そこで私は、できれば車検まで三カ月ぐらいのクルマを探す。その三カ月で、そのクルマの気になるところをチェックし、車検のときに一緒に直すようにするのだ。だから、気に入ったクルマを見つけると、まず車検証を見せてもらい、車体ナンバーを確認して、その登録年月日と、その生産日がずれていないかを調べる。

クルマの素性が明らかになったら、外観がほどほどで、内装はあまり汚れていないかを確認する。

内装を汚さないオーナーは概してクルマをていねいに扱う場合が多い。そして、タイヤの減り方などを見て、そのクルマのコンディションを見る。私は飛ばすほうなので、事故車は困る。シャシーがねじれていたりするとどんなトラブルが発生するかわからないからだ。これをチェックする方法の一つがタイヤの片減りチェックである。

さて、中古車を買うのはどこがいいか。中古車を扱う国産車のディーラーか、中古車専門店のどちらかだが、私はどちらも条件は同じだから、どちらでもいいと思う。

ただし、国産車なら、自宅に近いところがいい。買ってから、いろいろな相談に乗ってもらうのに便利だ。もっとも私のように長年つき合っている修理屋さんがあるのならどこでもいい。

例によって、その中古屋さんに並んでいるクルマがどれもピカピカの場合は要注意。ユーザーが気にするところは外観のピカピカ、車検の有無、走行距離の少ないことだ。その三つを売りものにしている中古屋さんはやめたほうが無難だ。中古車を現状（手を入れない状態）で見せておいて、客の注文に応じて塗装してくれたり、車検を取得してくれる業者が理想だ。

また、専門誌の売買欄で探す手もある。そのクルマのオーナーに直接会うのはいい。少なくとも、クルマそのものよりオーナー氏の人柄が、そのクルマの状態をよく表すことが多い。

大事なのはスタイルをもつことだ

［1990年版 間違いだらけのクルマ選び はじめに］

どんなクルマに、どんなふうに乗るか

最近、私は〝スタイル〟という言葉をよく使う。こいつはクルマのボディデザインのことではない。○○流、○○ウェイといった意味でのスタイルである。

この言葉に気がついたのは最近だが、私は二〇代からずっとこのことにこだわって生きてきたように思う。徳大寺流の考え方、徳大寺流の生き方、徳大寺流のクルマ選び。すべてがスタイルなのだ。そして、この短い人生、とりわけ後世に名を残すとか、世のため人のために何かをやるといったただいそれた思いはなく、このささやかな徳大寺流の確立のために生きていくのだなアと思いつつある。

いつか、本書のこの場所で、個人主義について書いたことがある。それもこれも実はスタイルをもつということなのである。

最近、趣味性とか贅沢という言葉をよく聞く。大切なことである。〝あの人はお金持ちよ〟とはいわれたくないが、〝あの人は趣味がいいネ〟とは思われたい。

しかし、問題はこのスタイルをいったい誰にわかってもらうかなのだ。こいつをしっかり考えておかないと、このスタイルは確立しない。まったく大勢のいわゆる大衆にわからせるなどと考えたことはない。ごくごく狭い範囲の私をわかってくれる知人、友人にわかってもらえればよいと考える。

こいつは自己満足だ。そうなのだ。もともとスタイルなどというものはそれでいい。ただ私の場合職業がもの書きだから、読者の何人かの人はわかってくれる可能性がある。これは幸せなことだと思わなければなるまい。

若いころからデブでぶ男だったからかもしれないが、〝かっこいい〟ことに憧れて生きてきた。〝男らしさ〟に憧れて生きてきた。

かっこよく暮らし、かっこよく生きる、ということが私のテーマとなった。はじめは服装から入る。太った身体はかっこ悪いが、男が洋服のためにやせるというのはもっとかっこ悪いと思い、太ったまま、その範囲で精いっぱいかっこいい着こなしを考えた。

男がかっこ悪いことをなす最大の理由、金、名誉、命、健康、女、子供ということは、よく考えなければならない。金はためるものじゃなくて遣うもの、預金は自分自身、を実行しようと決意した。同時に貧乏を怖がらずに生きることを心に決めた。

今、健康はむずかしい。私とて意味なく健康を害することはしたくはないが、といって人間はフィジカルだけに生きるものにあらずの考えをもった。

女、こいつはなりゆきにまかせたい。大勢の女、女、女に囲まれてノーテンキに生きるのもよし、一人の女に命をかけるもよし、とことん女に狂い、惚れ抜けば何とかかっこはつくものだと思う。子供はつくらないことに決め、そいつを実行した。

以上が私の〝かっこよく生きる〟ためにに心がけたことだ。

こうして生きていくうちに私は何とかスタイルができてきたと思っている。この本ではじめて書くのだが、この『間違いだらけのクルマ選び』は、この私のスタイルを評価基準としてきた。それ以外はない。

ものの考え方は社会の変化とともに変わっていく。その変化の中で次の価値観が生まれていく。14冊続いた本書の価値観も次々と変化したと思うが、変わらなかったのはこのスタイルなのだ。

私の嫌いな言葉は〝もの欲しそう〟とか〝貧乏たらしい〟〝趣味がよくない〟などだが、貧乏はしょうがない。しかし貧乏くさいのはたまらないではないか。

クルマもそうだ。かなり高価でも、もの欲しそうなクルマはけっこう多い。そういうクルマから発する匂いは貧乏くさいのだ。むろんそいつは趣味がよいはずはない。

私はこう考えているわけだが、その一方で私は、服装にあまりこだわらず、趣味もそういいとはいえぬ、それでいながら素晴らしい着想で人を納得させるポリシーをもつ人間も、その人のスタイルとして認めている。

やはり重要なことはその人なりのスタイルをもつことなのだと思う。

クルマというものはおもしろいもので、このスタイルを表現するのにまことによい道具でもあるし、クルマを語ると、その人の考え方をはっきりさせ、スタイルをつくる。

二〇世紀に生まれた文化は？　それはクルマと映画じゃないか。

クルマはただのトランスポーテーションにとどまらない。一つクルマに乗るだけじゃなく、語り、考えようじゃないか。

クルマは実用というより、自己表現になりつつある

〝クルマとは自分にとって何か〟を考えるべし

［1990年版 間違いだらけのクルマ選び］

本書『間違いだらけのクルマ選び』をはじめて上梓してから、はや一三年になる。あのころ、日本には満足なクルマはほとんどなかった。FF2ボックスも数えるほどしかなかった。ところが、その後の日本車の発達には空おそろしいものがあり、毎年、本書の版を重ねるたびに、私の驚きはいや増すばかりであった。今や日本車はあらゆる機能のスタンダードが高くなり、中にはこれ以上レベルを高くしても非現実的といえる部分すらあるほどだ。

また、クルマの技術の発達とともにクルマの使い方も変わってきている。このことも重要である。今の日本のクルマはファミリーカーという使われ方から、パーソナルカー的な使われ方に変わりつつある。日本人の平均所得が高まるにつれ、クルマがパーソナル化するのはしごく当然である。

このような背景の変化を感じながら、私は毎年この『間違いだらけのクルマ選び』を書いてきた。当然クルマの評価はこうした国産車の機能の発達、使い方の変化につれ大きく変わる。いわゆる〝いいクルマ〟の基準も変わっていこうというものだ。

ただしクルマ選びには一つ不変の鉄則がある。そいつは自分を知りクルマを知ることである。こればかりはどんなにクルマが発達しても変わらないだろう。いいクルマとは〝自分にとっていいクルマ〟でなければなるまい。ユーザーが自分の好み、スタイル（この言葉はむずかしいが、〝自分流〟とでもいうべきだろう）に合ったクルマを選ぶ。

これこそ重要なのである。

問題はこのユーザー各自の好み、スタイルがどの程度磨かれているかである。一言で、〝好み〟といってもただの好き嫌いではない。一度選ばれたクルマが、そのユーザーに三年、五年と深い満足を与え続けうる選択でなければなるまいし、またその選択は、できうれば第三者に、そのクルマとユーザーの関係を納得せしめうるほどのものであれば、なおのこと理想的といえる。

そう、今やクルマというものは、一つのキャラクターを表す〝約束ごと〟にすらなっているといえる。クルマのオーナーは、そのクルマを所有し、乗ることによって、自分自身の趣味性、ライフスタイル、そして先に述べた意味での〝スタイル〟を表現できる時代なのだ。

クルマは実用だけに使う。果たしてそんなことはありうるだろうか。多くの人はクルマを純粋に実用だけに徹して使いきれはしないだろうし、また、仮にそいつができたとしても、それは少々もったいない話ではないか。こう考えるとクルマ選びは一段とむずかしくなったといえる。まずは〝クルマとは自分にとって何か〟を考えねばなるまい。一つクルマと自分との関係をとことん考えてみようではないか。クルマ選びをしつつ、自分を考え、自分のスタイルを確立しようではないか。クルマ選びこそ、このスタイルの創造なのだ。

実用より愉しみ優先で選んでみてはいかがか

[中高年のためのらくらく安心運転術 2006年刊]

私のモノのよしあしを判断するセンスはクルマで磨かれた

クルマは美術品でもなければ、文学作品でもない。機能としてみれば、単なる人や荷物を載せて、高速で動く機械に過ぎない。ところが、そこには麻薬のように人の心をつかんで放さない不思議なものがある。

クルマには私たちの文明の歴史、国々の文化の違い、デザインのセンス、エスプリ、時代風俗等々、さまざまな要素が盛りだくさんにつまっている。ただの実用品ではないのだ。

一つ例をあげれば、第二次大戦前に大流行した流線型スタイルだ。空気力学的に見れば、たかだか最高速度100km/hそこそこに過ぎぬ当時のクルマの性能からして、流線型などほとんどものの用をなさなかったはずだが、人々はこの流線型に熱狂した。

量産車に流線型が採用されたのは一九三〇年代のクライスラー・エアフローからで、そのモチーフはカーデザインの主流となり、以後、クルマ以外のあらゆる工業製品に影響を与えてきた。たとえば洗濯機、トースター、ラジオ、テレビといった電気製品の数々は忠実に当時のクルマのデザインを追っている。それはおそらく、巨大な利益をもたらす耐久消費財であるクルマのデザインに、膨大な投資がなされたからだ。そこには人々の心をつかむ、最先端の時代の気分、流行が巧みに表現されていたのだ。

貧しく、みじめな敗戦国日本において、そんなアメリカ車はあらゆるものを圧倒、超越していた。ぼろっちく、みすぼらしい社会の現実を見慣れた私には、光り輝くアメリカ車は目が覚めるように魅力的であった。そこには輝かしい未来の夢が託されていた。誰もがそうであったように少年時代の私もまたアメリカ車の大ファンであった。

私の今の生活感やモノのよしあしを判断するセンスはほとんどクルマから得たものだ。現代の私たちの生活は、さまざまな工業デザインに囲まれているが、それを評価する私なりの基準は、五〇年以上にわたってクルマとつき合うことで得られたのだった。

さて、かつてのアメリカ車大好き少年だった私は、今や自他ともに認めるイギリス車好きである。なぜ、私はイギリス車好きになったのか。それは一九五〇年代のイギリス車の内装には一九世紀イギリスで全盛をきわめた、英国趣味があふれていたからだ。この英国趣味がたまらなく好きになってしまったのだ。

世界史をひもとくと、大英帝国はけっしてほめられたものじゃない。そもそもが海賊行為で富を肥やした、植民地主義、人種差別主義の帝国だ。他国を侵略して残酷な虐殺をくりかえし、人身売買をおこない、中国では人々を阿片漬けにして交易を支配しようとまでした。

そんな悪逆非道のイギリスがつくるクルマが好ましいときているから不思議だ。その好ましさとは、経済力と軍事力で世界最大の帝国をつくり上げながら、ゆっくりと衰微に向かっていったイギリスの近代史がかもしだす、退廃の香りなのかも知れぬ。

ジャグァーXK8、こいつを一生手放すつもりはない

イギリスがクルマをつくるのは、大英帝国に斜陽のきざしはじめた一九世紀の終わりからである。それはフランスやドイツに一歩も二歩も遅れてのスタートだった。ところが、いざクルマをつくりはじめると、イギリスはこの新しいテクノロジーをきわめて趣味的に解釈するようになる。クルマの趣味性ということでいえば、おそらくイギリス以上の国はないのではなかろうか。

そんな趣味性の香り高いイギリス車の中で、私はとりわけジャグァーに参っている。これまで、何台かジャグァーを所有してきた。ブランドはジャグァーではないが、その兄弟車であるデイムラー・ダブルシックス。こいつを手に入れたときは、嬉しさのあまり、納車の夜、毛布を持ってクルマに泊まり込んだほどだ。ℓあたり３㎞を割る

最悪の燃費であったが、あのタッチの素晴らしさはほかのクルマでは得られぬものだった。ジャグァー・マークⅡ・ヴィカレッジ。極上のレストア車ではあったものの、いかんせん日本の夏は、やはりというかオーバーヒートを頻発し、もっぱら晩秋から冬にかけて乗っていた。

今、依然として所有しているのが、だいぶ前に新車で買ったXK8のコンヴァーチブルだ。私にしては珍しくとても大事にしており、走行距離もたいしていっていない。ここのところは事務所のガレージでホコリをかぶったままだ。かえってXK8に悪いナ。それでもこいつを一生手放すつもりはない。

私がジャグァーを好きな理由

ジャグァーというクルマの出自にはイギリスの階級社会がからんでいる。本来イギリスの貴族階級が乗るクルマは、ロールス・ロイス／ベントリィ、あるいはアストン・マーチンといったあたりが定番だ。ジャグァーの創立者、サー・ウィリアム・ライオンは平民出身で、ロールス・ロイス／ベントリィなんぞに乗る身分ではなかった。そのウィリアム・ライオンはロールス・ロイス／ベントリィやアストン・マーチンに憧れ、アッパーミドルクラスにも買える値段で、ちょっと高級そうに見えるスポーティなクルマをつくろうとする。それがそもそものジャグァーの成り立ちだ。

だからジャグァーはどこかベントリィっぽく、アストン・マーチンっぽくという、すべてマネもののクルマなのだ。典型的な成り上がりである。そして、そこがジャグァーのいいところなのである。

私も自動車評論家として駆け出しのうちは、イギリスの専門誌や自動車ジャーナリズムの大先輩、小林彰太郎さんの影響を受けて「ジャグァーなんてたいしたものじゃない」などと公言してはばからなかったのだが、後年、自分の目でクルマを見るようになると、なんだか好ましいナと思えてきた。自分に一番向いているなと思うようになったのだ。そいつは一時の収入にまかせ、ロールス・ロイスやベントリィ、あるいはアストン・マーチンDB6なんぞを無理して所有したというあさはかな経験も、少なからず関係しているようだ。

ジャグァーの乗り味は、ほかのクルマではまず得られない。まずはその乗り心地だ。ジャグァーは路面の微妙な凹凸を、どうしたらこんな感じで人間に伝えられるのかと不思議になるほど、きわめて快適に伝えてくる。

ハンドルのフィールがまた素晴らしい。普通のクルマはクルマの向きを変えるためにハンドルを切るのだが、ジャグァーの場合はそのフィールを愉しむためにハンドルを切るようなものだ。ジャグァーにかぎらずイギリス車全般にいえることだが、イギリス人はきっとクルマの操縦がとても好きだったのだなあと思わせるものがある。そういう意味でジャグァーは私にとって、今世界で生産されているクルマの最右翼である。

今のジャグァーはフォードの支配下にあり、一部のジャグァーファンは「もう今のジャグァーはジャグァーじゃない。デトロイトのオペレーションでつくるジャグァーなんて、ジャグァーの抜け殻だ」などと批判する。そんなことはない。フォード傘下となってもジャグァーは依然としてジャグァーである。フォード・モンデオをベースとするXタイプあたりはいざ知らず、最上級のXJなど、「おお、しっかりジャグァーをやってるなあ」と思わせてくれる。

いや、それどころか最近のジャグァーは、かつてウィリアム・ライオンが目指したホンモノの「高級」に近づきすぎた気がするほどだ。本来、新参者の成金紳士だったのが、アッパーミドルを通り越して、本物の貴族階級、保守階級に入ってしまった感がある。こうなるとなんだかつまらなくなってしまうのは、私のワガママなのだろうか。

クルマとは人から見られるものである

クルマを趣味とする私から見て、クルマの一番大事なところは何か? それはクルマとは人から見られるものであり、かつ人の印象に強く残るものということだ。

私が「何にお乗りですか？」と問われて「ジャグァーです」と答えると、相手はみな、さもありなんと納得なさる。つまり贅沢好きで、女好きで、オシャレ好きで、いつもツイードの背広を着ているというのが、メディアを通じてつくられた私の印象ということらしい。ま、それはそれでいいとしても、「ジャグァーです」と答えて、当を得たりとばかりに納得されるのも、なんだか釈然としない。ジーンズをはいて三菱のiなんぞに乗り、サッポロラーメンをすすりにいく徳大寺有恒だっているのだけれど。

以前、詩人の谷川俊太郎さんが黄色いフィアット・プントのオープンに乗っていらっしゃるのを目撃したことがある。プントはまごうかたなき大衆車だが、そいつはとってもかっこいいものだった。ああ、谷川さんは趣味がいいなと思わされたものだ。

また、私はいっときシトローエンの2CVを譲り受けて、とことこと都内を走り回っていたことがある。このときはわれながら「何てかっこいいんだ」と、ひそかに悦に入ったしだいだ。クルマ自体は七〇年も前の設計になるドッシン、バッタン、ヨレヨレと走る、もはや時代錯誤としかいえないようなシロモノではあるが、その先進性、思想の深さには、今日びのヴィッツやフィットなんぞ足元にもおよばないものがある。私にはそんな2CVに、高邁な理想をすら感じるのだ。

シトローエンの理想は、クルマの歴史を知っている者なら誰にでもわかることなのだが、それを知ってか知らずか、街中を走る2CVの、街行く人々の目をひくことといったらない。2CVは乗って本当に愉しかった。ジャグァーもいいが、2CVもまたよしだ。これぞクルマによる酔狂、かぶき者といったところだが、それもクルマ趣味の醍醐味である。

二台所有なら実用と趣味の両立を考えては

今や日本でも、クルマの二台所有は一般的だが、多くの日本のユーザーは、クラウンがあったら、もう一台は家族旅行をするためのエスティマ、あるいはお買い物グルマとしてヴィッツといった組み合わせ方をする。しかし、そいつはただ実用的なだけのチョイスではなかろうか。もし、私が理想的なペアを考えるなら、まず趣味的なクルマをメインに置き、それを補うかたちで実用車を持ってくるだろう。たとえば、オープン2シーターのホンダS2000とVWポロといった組み合わせ、あるいはフランス車の同じメーカーのものだけで、スタイリッシュなプジョー407クーペとミニヴァンコンセプトのプジョー1007といったペアである。

ヨーロッパもアメリカも、当初、クルマはごく一部の特権階級やお金持ちのものとしてはじまり、それが徐々に大衆化していった。クルマ趣味もその中から生まれてくる。それにたいして、この日本では、クルマは最初から大量生産の大衆商品として発達したため、趣味的な要素が入り込む余地がほとんどなく、実用一点張りであった。そうなると受け手のユーザー側もクルマの趣味性を理解しないし、たまさか思い出したように趣味的なクルマが登場しても、それを受け入れない。今では乗用車から撤退してしまったいすゞのつくった117クーペやピアッツァなど、その悲劇的典型である。

こうなるとメーカーはますます、安くて丈夫だけがとりえの、無趣味なクルマばかりつくることになる。大衆車で世界を制した感のある日本メーカーが、依然として高級車づくりが不得手なのも、このへんに理由がありそうだ。

クルマというのは本来、乗っても、眺めても、その歴史を調べるだけでも愉しいものだ。もう少し気持ちに余裕を持ち、実用を忘れてみたらいかがでしょうか。オンボロクルマだっていい。ときに故障を愉しむぐらいのつもりで趣味的に乗れば、クルマはあなたの生活をずっと豊かにしてくれるでありましょう。

クルマは居間の延長じゃない。見苦しいクルマの乗り方はやめよ!

[2002年夏版 間違いだらけのクルマ選び]

少しくらいカッコをつけて乗ってほしい

願わくば近寄らないですませたいところ。そいつは連休、お盆の高速道路のサービスエリアだ。人、人、人の大混雑で、熱気がむんむん、迷子は泣き叫ぶ。屋台には長蛇の列。阿鼻叫喚《あびきょうかん》とはこのことだ。見ているだけでぐったり疲れてしまう。これがわがニッポンの大衆社会というものなのか。

ま、私もその大衆社会の一員なのだから、偉そうに文句をいえる筋合いじゃないのだが、一つだけガマンならないのは、そうしたサービスエリアにミニヴァンが到着し、ドアが開くと降りてくるお父さんドライバーたちのジャージ姿だ。私はいつもあの格好を見ると、かつて日本人団体客がホテルの廊下をステテコ姿で徘徊《はいかい》し、海の向こうでヒンシュクを買ったときのことを思い出してしまう。

どういうわけか日本のお父さんたちこのジャージなるものがいたくお気に入りで、ありとあらゆる状況でこれを着用におよぶ。家の中でパジャマ代わりにしてゴロゴロ昼寝するかと思えば、散歩やちょっとした買い物などにもそのまま外出する。あまつさえクルマもこれで運転し、ついには一家そろっての家族旅行にもジャージで出発とあいなる。

　なるほど気軽で便利かもしれないが、ジャージというのは外出着じゃありませんぜ。こいつは本来スポーツをするときのウォームアップスーツなのだ。百歩譲って、自分の家でジャージをパジャマ代わりに使うのは人の勝手としよう。しかし、クルマというものは居間のようにでれんとリラックスする場所ではない。一定の緊張感を維持してステアリングを握らなければならない仕事場だ。なにせ1トン以上の質量が秒速30mでぶっとんでいるのだから。

　こういうドライバーは公共の場所と自分の家との区別がついていない。クルマを自分の家の続きと思っているのだ。クルマはむろんプライベートなものだが、同時にいたって社会的でもある。クルマを運転するということは、自分を社会の中に投じるということだ。海老名《えびな》にしろ、談合坂《だんごうざか》にしろ、サービスエリアというのはもう銀座の街並みと変わらない。居間の続きではないのだ。

　この四〇年、日本のモータリゼーションで一番変わったのは、道路の整備でも、クルマの性能の向上でもない。ドライバーの運転スタイルじゃなかろうか。当初、日本のドライバーはクルマを買うと、みんなカッコをつけ、ちょっとしたセーターやジャケットなんぞ着込んで乗っていたが、今のお父さんたちは少々リラックスのしすぎに思える。私には今のミニヴァンブームはこうした弛緩《しかん》した感覚に支えられているような気がしてならない。移動、運転するツールとしてのクルマではなく、居間の続きとしてのクルマ。なるほどそれにはミニヴァンはぴったりではある。しかし、同じミニヴァンでも、スーツで決めてオデッセイあたりに乗っているドライバーを見ると「オッ、カッコいいな」と思わされるのだが。

第10章

本田宗一郎氏とのクルマ談議

極東の小さなオートバイメーカーを世界のホンダへ飛躍させた伝説の人、本田宗一郎。著者は彼をカーガイ＝自動車野郎と呼び、尊敬してやまない。念願かなって1985年に実現した本田宗一郎会長、川本信彦社長（当時）との丁々発止のクルマ談議。

2014年1月、『2014年版間違いだらけ』の刊行にあわせ、共著者の島下泰久氏らと共に代官山蔦屋書店でのトークショーに出演した。そのあと行われたサイン会では、読者ひとりひとりに声をかけつつ、そのやり取りに応じた秀逸なコメントを即興で考えて、サインに添えた。

本田宗一郎氏・川本信彦氏との鼎談

一九八五年、南青山に落成した本田技研工業本社ビルにて

［月刊宝石 1985年10月号／光文社］

クルマの設計のむずかしさ

徳大寺　このビルを拝見して最初に気がついたのは、角がどこにもない、みんな丸いんですね。

川本　最初、シビックみたいなビルにしろという話がありましてね。

徳大寺　もちろんプロが設計しているんでしょう。

川本　そうでしょうけど、やはり自動車の設計屋のほうも、自動車はこんなことやってつくっているみたいなことをね。

徳大寺　ああ、そういう事前の話し合いはコンセプトだから、すごく建築家に影響を与えるでしょうね。

本田　でしょうね。

徳大寺　そうするとホンダの車づくりの思想がこのビルにも生きているわけだ。

本田　まあ、建築家の悪口いうわけじゃないけど、ビルというのはほかからの批判があまりないでしょう。われわれは自動車もオートバイも、あらゆる階層から批判されるけど、ビルの場合は、せいぜい金持ちとかその商売の人が批判する程度なんだな。

要するに品物を売るところであり、休むところであるというだけで、格好がいいか

らよく眠れるというものでもない。

徳大寺　そのとおりですね。

本田　そういう点でビルは、格好自体、かなり昔より進んではいるだろうけど、一ついいものがあるとずっとマネしちゃって、そこから一歩も進歩しない。

徳大寺　批判がないから進歩しない。そういえばあの新宿のビル街。あそこを歩くと、どんなにひどいかよくわかる。あそこ、ビルからビルへ行くの、ものすごく大変なんですよ。

川本　結局、めいめいが勝手にすごいのをつくっているだけという感じでね。

徳大寺　勝手につくっているから、ビル同士のつながりもなければ、世の中とのかかわり合いみたいなものもない……。

本田　そういうことです。われわれはそうじゃなくて、やっぱりこのビルをつくるのには、みんなに紹介して、うちの思想がわかってもらえ、そして自動車が売れることが条件でなくちゃならん——そういうちゃんとしたポリシーがあって、そのポリシーにしたがって建てるには、このかぎられたスペースをどうするかと……。

たとえば、よそのビルだとどこも重役の車の駐車場が一階にある。うちは重役の車がいちばん下にあるんだ、お客さんのを上にして。これだけでも断固、違いますよ。お客さんを主体にしたビルであるか、自分たちの勝手なビルであるか、そのへんのポリシーがなくて建築屋にまかせてしまうと、お客さんを主体に考えるにはどうすればいいんだというような発想が出てこないんですね。

ひどいのになると、雨風をしのぐという前時代的な考えを現代に置き換えただけのものになっちゃう。

徳大寺　スタイルだけのね。

本田　こういう目的でやるのだから、こうでなくちゃならんというものがない。この間、新宿にできた新しいホテルへ行ったら電話がない。よく見たら赤電話が一つあるだけだ。赤電話じゃ浜松へもかけられないですよ。だから都内専用だ（笑）。ホテルというのは人が集まるところでしょう。そういうところに電話が一台しかないなんて、それじゃこのビルは何の目的でつくったんだといいたくなるんだ。

川本　やっぱり、自分のことだけ考えて、人の出入りとか、社会との関係みたいなことを考えていないんですよ。

本田　おもしろいね、だから、そのつくる人の考え方で、だいたいビルは決まっちゃうね。

「売れんより売れるほうがいいに決まっている（笑）」

徳大寺　さっき本田さんが「車、売れるようにこう考えている」とおっしゃったけど、僕ね、本田さんのいろんな本や対談見ましたけれども、自分のおつくりになった車を売るということを、そこまでお考えになっていたとは、今日はじめてうかがいました（笑）。

本田　車は売れんより売れるほうがいいに決まっている（笑）。これは誰でも考えるけど、それとは別にね、私が行くところにうちの車があるということが、なにせ心強い。ただ、売らなければそれは実現できない。私が行くところにうちの車がなくて、よその車ばっかりだったら、寂しいねえ、本当に寂しい。

僕はそれが商売人であって、商売を愛す

る一番の基本はそういうところから生まれるものだと思うね。われわれが手を黒くしてこの頭脳で考えたものが、行く先々にあるというのは、親戚や友達と行き会ったという感じね。これがないと寂しくって耐えられないと思うな。

川本 自分の輪が大きくなるみたいな感じですよ。

本田 僕ら、箱根へ行くと非常に楽しいのは、箱根は若い人が多いでしょう。若い人というのはうちの車が大部分なんですよ。気持ちよくなるねえ（笑）。本当、遊びにきてよかったなという気持ちになるよ。

徳大寺 ハッハハハハ（笑）。

本田 箱根へ遊びに行っただけでも気持ちいいところへもってきて、もう一つ、自分のこの手でつくり、この頭脳でつくったものがあるという素晴らしさ。これがね私は商売冥利に尽きることだと。お客さんは大事にしなければいかんなあと、こういう気持ちが自然に湧いてきますね

徳大寺 そのとおりですね。僕は本を書きますけど、やっぱりたくさんの人が読んでくれてるというのが一番嬉しいですね、その結果としてお金が入ってくるのも、もちろん嬉しいですけど（笑）。

本田 おそらく、電車なんかで自分の書いた本を読んでくれてる人に出会うと、神様に行き会ったような気分でしょ。

徳大寺 （膝を叩いて）そうなんですよ！

本田 本というのはたいしたお金じゃないと思うんだけれども、金額が大きいとか小さいとかは別なんですね。

徳大寺 そうです。

本田 だから、金額が大きければ喜ぶなんていうのなら金貸しになればいいんでね、

私たちはそりゃ儲けたいけど、儲けるにはプライドを持っていたいんですよ。金額の多寡より、自分の作品がいかに多くの人に受け入れられているかのほうが、私にはずっと嬉しいし、大切なことなんだ。

本田さんにぜひ聞きたいこと

徳大寺　本田さんにお会いしたら、ぜひ聞きたいということが二つありまして、一つは鈴鹿サーキットが昭和三七年［一九六二年］に完成していますが、なぜ、あの当時、サーキットをおつくりになろうと考えられたのか？……。サーキットというのは、必ずしもプルービンググラウンド［実験場］ではありませんし、そうかといって、そのサーキットで自分の車を走らせても、ことによったらライバルが勝つかもしれない。

だから、メーカーがサーキットを持つというのは非常に稀有なことだと思うんですね。それをどうしてお考えになったのか、これはご本人から直接聞きたいと思っていたんです。

本田　非常にむずかしいような、むずかしくないような質問だ（笑）。簡単なことだけどね、やはりわれわれは常に競争の中にあるということですね。サーキットで走るということが、競争であるのと同じように、考え方の競争でいかにいいものをつくってよそと競争するか、これが第一番にくる。たとえば、いいとか悪いとかいう判定には、速く走るからいいとか、乗り心地がよくていいとか、だんだんスピードが増してもまだ余裕をもって操縦できるからいいとか、いろいろな条件があるでしょう。そういういろいろな条件を満たそうと思えば、やはり競争の原理を前提にしなくちゃならないはずだと思う。

だから、あそこをつくると同時に、ただ単にわれわれだけで使うんじゃ意味がない、よそとの競争によってのみ、われわれは優劣がわかるんで、それならいっそレース場にしちゃえということで、レース場にしちゃった。

レース場にすれば、ほうぼうから車がくるから、うちの車がいいか悪いか、なんでうちの車に乗ってくれんか、なんで乗ってくれているのかということがわかる。みんなながきて走ってくれることによって、自分たちだけで走らせていてはわからない、得られない知恵まで入ってくると思うんです。だからお客さんの知恵を使って悪いけど、私はそう考えていたんです。

徳大寺　なるほど。それはしかし、ホンダ以外のメーカーが感謝すべきなんだな。だって、あのサーキットのおかげで、操縦安定性とか制動力なんかが高まったんですから。

本田　まあ、最初はひどかったですがね、それによってこっちも、いろいろお手本にした。だからわれわれ、マイナスは一つもないですね。マイナスなことって、要するに金がないときにあれをつくったから、払うのに骨折った。うちの副社長（藤沢武夫副社長・当時）はずいぶん骨折ったらしいけど、副社長はいつでも金では骨折るんだよ（笑）。まあ内々だから勘弁してもらっているけど。

徳大寺　もう一つの話は、F1のことなんです。これも本田さんと会ったら話をしたかった項目なんですが、一番最初にF1をやろうと思ったのはどういうことからだったんですか。

本田　F1をやろうと思ったのは、自動車をやろうと考え、それにはやはりF1に出て、第一番にむずかしいのをやってやろう、そして競争してやろうと。

徳大寺　ああ、今いわれた論理ですね。

本田　それがあってF1をはじめたんですね。しかし、そのときは、バカだ、気が狂ったといわれた。オートバイ屋で、自動車のレースに出て……、自動車をつくって売ろうというんじゃなく、損を覚悟のレースをやっている。ちょっと頭が狂ってるんじゃねえかなんていわれました。でも、あれやったんでよかったですね、あれやったんで、安全というものが、自動車には自動車の安全があり、オートバイにはオートバイの安全がある。スピードを出したときの安全、出さないときの安全。レースはスピードを出したときの安全をいいますからね。そういう点では非常に勉強になった。そんなこと当たり前だというかも知らんけど、やってみて、当たり前じゃないんだな。

徳大寺　まったくそのとおりですね。

あのときF1をやっていなかったら……

本田　商売なんて、ちょうど賭けのようなもんですからね。でも、賭けでは困る、賭けなら賭けでもいいけど、ちょっとでも確率の高い賭けをしたいということなんでね。

徳大寺　なるほど。

本田　苦労しましたよ。苦労してね、やっとそういうものがぼちぼち、種が、芽が出て実って、現在になったというのが本当です。正直いって、あのとき、フォーミュラー・ワン（F1）をやっていなかったら私たちの今日はないでしょうね。

徳大寺　（うめくように）ウーム。

本田　フォーミュラー・ワンというのは、あの当時、みんなこういったんですよ。物好きな、よしゃいいのに、金がかかるのに、しかも日本人が乗るならいいが外人に乗らして、というでしょ。その時代は、日本人が乗って勝たなければ承知しない時代でしてね、外人を雇うということだけでもかなり躊躇する連中の中でやったんだから、それは大変ですわね。金も、本当によくかかったし……。

無駄なことをずいぶんやりましたがね。ただ、無駄というのは、それが永久にダメならダメで、なんでダメだということがわかるまでやることができれば、これは無駄じゃなく、成功だと思うんです。本当の無駄は、とことんやらずにいてダメだということなんですね。

それを、何でもできなければダメというのはおかしいと、僕はそういう考え方をしている。わかっただけでもいいんです。だから、F1をずいぶんつくったね、何台ぐらいつくったかね？

川本　さあ、何台だったですかねえ。相当つくりましたからね。

本田　ずいぶんつくった。僕なんか、一週間や二週間、家へ帰らんでずっとつくっていたなんてこと、しょっちゅうでしたよ。今なら完全に就業規則違反だ（笑）。

川本　あの当時だって就業規則違反ですよ、規則はちゃんとあったんだから（笑）。まあ、かなり乱暴なことをやっていますけどね、しかし、あのF1づくりを通して、自動車っていうのはこんなものかというのがわかった感じがしますね。

FFにこだわった先見性はどこから？

徳大寺　しかし、サーキットをおつくりになった、F1に挑戦し続けられた、これらはいずれもモータリゼーションの一つの先見性のようなものをすごく感じるんですが、FFにこだわったという点にも、今から考えると先見性が……。

本田　私はFFにこだわったということはないけどね。荷車を見てご覧なさい、後ろから押したら、グラグラして方向性が悪くってしようがない。荷車に免許証がいらないというのは、前から引っ張るからですよ。

徳大寺　アッハハハ、なるほど。

川本　私もはじめて聞きました。それは。

本田　後ろから押すんだったら、荷車に免許証がいるんですよ。それは前は、自分が行きたいほうへ行けば、後ろはついてくるんだもの。後ろから押すんだったら、前がどっちへ行くか考えてやらなければならん。その意味では、非常に安定性があるということ。荷車、これが一番いい例でね、それから見たって、これはどうしたって前輪駆動になるべきだと。

FFでもう一ついいのは、デファレンシャルが後ろにないから、ガソリンタンクを自由な位置へ持っていける。だから追突されても、うちのはけっして火事を起こさない。デファレンシャルの後ろにタンクがあれば、タンクは追突されたとき押しつぶされて火事になる可能性が強い。だから私は、タンクは挟まれて壊れるような位置に置くべきじゃないという感覚を持っていたんです。

それは、やってみてずいぶん骨は折れま

したが、それも解決して、今、だんだん……、昔、FFの悪口をいった会社もずいぶんあるけど、今ではみんなFFやっているからね、いっぺん心境を聞きたいと思っているよ。どうして変わったか（笑）。

川本　非常に素直に、昔から、前へ走るんだから引っ張るんだと、そういう感じでいわれていましたね。

本田　それからもう一つ、大きな自動車はフロント駆動じゃダメだなんていう人もいるかも知れんけど、それは大間違いで、それに耐えうるだけの材料と設計をやれば、フロントドライブがいいに決まっている。

徳大寺　そのとおりですね、最近はキャデイラックまでがFFですから。

本田　そうなってきた。だから、以前は「素人でなきゃあんな設計はできん」とまで悪口を盛んにいわれたけれども、素人でよかったよ、俺も（笑）。

徳大寺　ホンダにはそうした時代を見越した先見性と頑固さが非常にうまく融合しているような気がするんですが、その秘訣というようなものはどんなところにあるんですか。

本田　僕は、むずかしい論理というものに対して、すごく抵抗を感じるんです。いま世の中に四〇億かの人間がいるのに、後ろから押していくのは、中国の大八車みたいの、あれくらいしかないんですね、世界中引っ張って歩いているんです。それなのに自動車だけ、なぜ後ろから押しているかというと、要するに、昔は設計できなかったんですね。だから後ろへ持っていった。それだけで、たいした意義はなんにもない。それを今日まで惰性でやってきただけでしょう。僕は惰性というやつが大嫌いで、惰性なんてのはできるだけ早く断ち切って新しいのに切り替えるべきだ。それが現代だと思っている。

よその人がこうだから俺もこうやるんだというんなら、よそが死ぬなら俺も死ななきゃならんからね（笑）。よその人はこれでやって死んでもかまいやしないけど、俺だけは生きたいというのが本音ですよ。そんなことまじめに論じていえば、お客さんに対しては失礼だけれども、お客さんはお客さんでみんなそう考えていると思うしね。

自動車というのは要するに、危険なものが走るんですからね、さっきいったタンクの位置なんかでも、少しでもいいとわかったら、その方向へ改めてやるというのが、われわれメーカーの義務でもあると思うんです。だから私は、人がどういおうと——あれはダメだといった人はね、ダメというのは要するに自分がやってダメで、俺がやってダメだと向こうでいったわけじゃないんだから——黙っているだけなんですよ（笑）。俺と彼らとは住む世界も違うし、考え方も違うしね……。

でも、ああいう悪口をさんざんいった人を、僕は不思議に思うんですよ。というのは、自分がダメだからホンダがやってもダメだみたいに考えてね、越権行為もはなはだしいよ、ハッハハハ（笑）。

川本　越権行為ばっかしですよ。

本田　もっと謙虚になってさ、自分はダメだったけど、ホンダはいいかな……というなら話はわかるよ（笑）。それを、あれはダメだというのはおかしい。こっちはダメじゃないというのを証明してやろうと思って、とうとう証明してやったけど、でもいまだにわからん人もいるしね、いろいろなもんだよ世の中は。

徳大寺　そうですね。

本田　でもそれでいいんだよ。私みたいなやつばっかりじゃ、住みにくくてしようがない。

徳大寺　アッハハハハ（笑）。

本田　第一、俺が住みにくいよ。俺と違ったやつがいるから、俺が住みいいんでね、俺と同じような格好でみんなやられちゃって、そのあとをショボショボついていくんじゃや、俺がかなわんよ（笑）。

もう外国車のマネの時代は終わったのでは？

徳大寺　ところで、僕は日本の車が外国車のマネをする時代は終わったんじゃないか……。そろそろ生産力も世界一になったんだし、今度は日本の技術が世界の自動車に影響力を与えるようになって欲しいと常々思っているんですが。

本田　それは、それが当たり前でね、子供がオヤジよりバカだったら世の中後戻りだからね。あとからやる人はオヤジを安心させるためにも、立派なものをつくらんといかんですよね。

徳大寺　その点、具体的な話になりますけど、今度のアコードは相当すごい車ですね。

本田　嬉しいね、そういってもらえると。また、来年、再来年、あれよりすごいのができなければ困るし、できていくと思うけど、今の時点ではアコードはいい車だと、自分で太鼓叩くようだけど、いいなあと思っているんです。

川本　そういうお言葉聞いたの、はじめてですよ（笑）。

本田　よそゆきの言葉だよ。それを一緒にしちゃ困るよ（爆笑）。

川本 いつもまるで逆だからね、たまったもんじゃない。今日は特別ですか。

本田 身内をほめるとろくなことはないからな（笑）。やっぱり人間は進歩する動物だし、進歩することによってのみ、われわれの商売が成り立つんでね、これでカッコだけ変えたきりで内容が変わらなければ、まったく売れやしないものね。カッコを変えると同時に、内容も変わって、よりお客さんが乗りいい、そして事故のない安全なものをつくるということに専念しなければいかん。

徳大寺 技術というのはおもしろいものだと思いますね。一つのハードルを誰か越えると、みんな越えられるようになる。ですから高いレベルのアコードのような車ができると、何年かあとにはほかのメーカーもつくるようになるんですね。

本田 それはそうですよ。同時に、先に行くのは非常に骨の折れることだけれども、それだけ人に認めてもらうチャンスが多いんだから、世の中、先へ行かなければ損だ。

徳大寺 それがホンダの一つの技術的、経営的な伝統なんでしょうね。先進性とか、冒険に満ちた技術を採用するとか、そういう伝統が本田さんの会社の非常に大事なファクターになっていると僕は思っていますけどね。

本田 そうですね。やっぱり冒険と安全は紙一重だからね。

徳大寺 いい言葉だね。

本田 紙の裏側と表側のようなもの。これ以上過ぎたら、もう現在の技術では危ないよというところまで、ギリギリの線まで持っていくということは必要ですよ。これがわれわれに課せられた使命であり、お客さんの命を預かるものであり、同時に趣味のものでもあるわけですね。

　やはり、いくら安全といっても、安全であれば何でもいいというのなら、乳母車でショロショロしてればいいんで（笑）、だけどそれでは自分の気持ちが満足しないから、結局は無理する。それで事故が起きても、われわれとしては、お前が無理したから事故になったんだ、とは一言も口に出せない。だから、どんな場合でも、その車のブレーキのきき方とか、ハンドルの切りさばきとか、あらゆるものが全部、最高の水準でそろっていないといかん。これは車をつくっているメーカーの責任、義務でもあるんですね。

本田さんの安全という言葉は体験から？

徳大寺　自動車メーカーの方が、自動車の安全をいうのは当然だと思うんですけれども、本田さんの安全だという言葉は、ご自身が若いころから相当無理なさったり、ご自分でもレースをおやりになったりした体験から出ているんでしょうか。

本田　そういう点はありますね。ここに（左目のまわり）傷があるけど、これは四回手術してこれだけになった。今こっちの目は女房が三人に見える（笑）。

徳大寺　いいですね……、いや、いいのか悪いのかよくわかりませんけど（笑）。

本田　三人で叱られたんじゃかなわんよ（爆笑）。叱られるときは右目で見て、美人がきたら左目で見るようにしてるんだ（笑）。まあ、それは冗談だけど、それくらい飛ばして無理してやった。でも振り返ってみて、けっしてそれが無駄ではなかった。ＦＦにしたのもそうですよ。

僕は普通の事故はしたことがない。レースでの事故ばっかりです。ずいぶんと危ないことも知ってるわけです。そのうえでFFのほうがより安全だと。火事にならんとか、安全上の設計が楽にできるとか。やはり、体験したことがあるということが、非常に車づくりには有利だった。

徳大寺 僕がとても嬉しいと思うのは、外国の自動車の先達たち、フェルディナント・ポルシェとか、ヘンリー・フォードとか、ああいう偉人たちと本田さんが同じなんだな。自分で車つくって、自分で乗って、自分でレースして、そういう人が日本の自動車界にいるというのは、本当にすごいなと思うんですよ。

本田 そのすごいのも、だんだん終末に近づいたかな、アッハッハッハ。

徳大寺 そんなことありませんよ。お話をうかがうと、まだときどき、運転なさっているそうじゃありませんか。

本田 ときどきじゃない、毎日だ（笑）。

川本 年中ですよ、もういいかげんにしてくださいっていっているんですけど、「バカヤロウ、それは俺のほうがいう言葉だ！」って、聞かないんですから（笑）。

徳大寺 ついでにお聞きしますが、八〇歳になったら免許証を返上なさるとか。

本田 いやいや、そんなことは誰もいってないですよ。それは謀略（笑）。

川本 まわりがそうしてもらいたいわけね。

本田 謀略をめぐらして、僕から免許証を取り上げようと、いうなればひがんでいるやつらですよ（笑）。いや、まだへっちゃらです。いまだに規則違反だってできますからね。やらないだけでね（笑）。

技術と技術者に求められるものとは?

徳大寺　ところで、技術者のお二人にお聞きしたいんですが、これからの時代の技術とか技術者には、どういうものが求められるんでしょうか。

本田　技術というのは、あくまでも死んでいるんですね。生きたものでも何でもない。人間が使うことで生きもすれば死にもする。包丁と一緒で、包丁で料理もできるけど、人も斬れる。諸刃の剣ですよね。だから、これから——これまでもそうであったが——技術は非常に進むだろうし、技術が優先する社会になるだろうけれども、進めば進むほど、そこには非常に怖いもの、危険な落とし穴が待ち受けているということですね。それをいかに取捨選択するかということがわれわれ、技術屋の仕事じゃないですかね。

徳大寺　僕は最近の自動車を見ていると、非常に便利になって、どんどん人間が、運転する技術を必要としなくなってくる。それは確かに進歩だと思うし、いいことだと思うんですが、自動車にかぎらず、技術が進んで人間が楽になってきますと、逆に人間が生き残っていく力を失っていくような気がしますね。

川本　だから、今オヤジさんがいったとおりなんですが、だんだん手段がすごくなるでしょう。そうするといわゆる技術だけを持っている人間だと、大変なことになるんですね。これからの世の中では技術者は、人間じゃなければいかんし、より考える人間でなければいけない。

本田　これからの技術者は、今まで以上に、より人間的であることが必要だね。より人間的でない人が技術屋になっちゃ困る。

川本　技術バカというのはダメですね。むしろ方向を間違えることが多い。

本田　技術というのは万能の神じゃない。「技術は人に奉仕する手段である」という考え方、これが大事な条件であって、高い技術を持っていればいるほど、それに比例してそれが要求されるんじゃないかな。だから、非常にスピードの出る車をつくるんなら、スピードに反比例した、それを制御する技術も必要であるという考え方が大切ですね。

徳大寺　川本さんは、そういった教育というものを当然、本田さんからお受けになったんでしょう?

川本　でも僕らにはいつもこれ（拳固を振る）ばっかりだった（笑）。

本田　………（爆笑）。

川本　さっきもいったように、就業規則なんてないも同然だったし、口でいうより手のほうが早いという感じでしたから（笑）。

本田　いやいや、それは俺もね、叱ったり、殴ったりしたあとの後味の悪さに夜も眠れないときがあったんだ。その後味の悪さを感じることが大切なんだと思うね。レースなんていうのは人の命を預かるものですからね。規則どおりにやれば安全も保証されるというんならそうやるけど、そうじゃない。もし誰か、人が死にそうなときに、時間がきたからといって知らんふりして帰れるか。私は規則を破ったって、助けるものは助ける。会社も同じだね、会社がつぶれちゃ困るんだから、会社のみんなを幸福にするためには私は規則なんかどうでもいいですよ。規則でメシを食っていくことはできない。

川本　要するに、やる以上はとことん狂わないとできないということですね。Ｆ１づくりを通じて、それを理屈じゃなく体で教えてもらったんです。これはまともな人間にはできないと。しかし、もう時代が違うわけだし、今後の技術者教育は、それを仕事の上で実践していくしか方法はないでしょうね。

本田　まあ、あのころは人間も少なかったし、みんな気心が知れていたから、拳固ふるっても黙ってついてきてくれたんでしょうけど、これからはちゃんと表現することも必要だな。最近なんか僕が工場へ行くと、ゴソゴソ話をしていやがる。何話しているのかと聞き耳立ててると「おい、あれがオヤジだ、オヤジだ」だって（笑）。そんな人たちには、とても拳固ふるうわけにはいきませんよ（笑）。

日米貿易摩擦とホンダ

徳大寺　今盛んに問題になっている貿易摩擦については、どうお考えですか。

本田　貿易摩擦ねえ、僕はね、まず、非常にむずかしい問題だけれども、向こうへ行ってやればいいじゃないかと……。

徳大寺　現におやりになっていますね。

本田　簡単なんですよ（笑）。うちみたいに向こうで給料どんどん払って、向こうから輸出してやりゃ、アメリカ人だって喜んでくれますよね。それをやらんからいかん、片貿易だと。片貿易だっていわれる理由はあると思うんです。日本とアメリカが入れ替わって、われわれがアメリカの立場になったら、やっぱり同じように文句いうんじゃないですか。

徳大寺　これ、逆の立場だったら僕は本当に大変だと思いますよ。あの状態で、日本から二三〇万台も買ってくれるのが、むしろ不思議です。

本田　そういう点では、やはり日本人は少し考えなければいけませんね。自分たちが豊かになったことを幸いにして、向こうの人のことをなんにも思わんというのは、どうも私には納得できないな。

徳大寺　そうなんですよ。僕もね、日本の、とくに若い人たちの意識調査を見て怖いなと思うのは、日本車が売れるのは安くてよいから当たり前だなんて感覚があるでしょ。それでいて貯金率世界一。これは具合悪いなと思うんですよ。

川本　悪いですね。われわれも、アメリカホンダで売って利益が上がって、その利益で再投資してオハイオ工場つくっているんで、そこでまた価値を生み出している。ですから、そこで循環しはじめているんですね。それが広がっていけば向こうの利益に必ずなるはずだと。

本田　それを考えなければ、一流の国民じゃないですね。日本も、もう世界一の工業国になったんだから、次はそういうふうなこと考えないとね。

徳大寺　一流の国民にならなければいけませんね。

本田　向こうでくるなとか、儲けちゃいけないというんならともかく、そうじゃないんだから、出ていって、向こうで儲けてやって、向こうへ税金をおさめさえすればすむんじゃないか。もし少し日本人は大きく考えなければいかんと思う。

徳大寺　ところで、本田さんはときどき、老人はもういらないんだということを雑誌なんかでおっしゃってますが、その意味を少しおうかがいしたいですね。

本田　いや、いらないいんだとはいってないんでね、「老人、くたばれ」っていってるんだ（笑）。

僕が老人という意味は、体の老人じゃなくて、頭の古いほうの老化現象をいうんです。たとえば、今の日米貿易摩擦もそうなんだけど、昔、俺はこんなに働いて、これだけ儲かったんだ。だから俺のもんだ、人が困ってたってそんなこと知らないよ。というような偏った考え方の老人、それこそ老人ですよ。要するに、考え方が若いか古いかということを論じたいんだ。体のほうはどうせ死ぬに決まっているんだから、年を取れば老化しますよ。しかし、考え方は最後まで若くいられる。その考え方が硬直しちゃったら、そういう老人は百害あって一利なしだから、早くくたばれと（笑）。

徳大寺　実際、経営者でも政治家でも、頭の古いのが大勢いますからね。

本田　そういうのは早く引退しないと、日本のためにならない。

ホンダはどうクルマをつくっているか？

徳大寺　話は変わりますが、私は、車づくりは若者にまかせっきりではよくないというのが持論なんです（笑）。ところがホンダの車は、何か若者のために若者がつくったというイメージがありますね。

川本　それは、早い話が、つくっているやつが買いたい人なんですよね。つくっているやつが、まあ、わりと若いでしょう。その連中が、こんなのが欲しいと思ってつくっているところが、一番の特色だと思うんですね。だから、ロールス・ロイスをつくれといったって、うちにはできないと、いっているんです。

徳大寺　ロールス・ロイスなんて買いたい若者はいないんじゃない？

川本　買いたい人、うちにはいない。いいと思っていないし、買いたいとも思っていないし、したがってつくりたいとも思っていない。だからできないでしょうね。

徳大寺　しかし、やはり若者だけにまかせっきりでも車はダメなんでしょう。

川本　それは、自動車に対する理解の深さみたいなのは、若者だけじゃダメだと思います。営々と築いた昔からの知恵があるわけで、こういう知恵は、時間がたっても変わらない絶対的価値なんです。だから、それがないそこらの兄ちゃんにいい車つくれったって、それは無理ですね。

本田　もう一つは、うちにはうちのポリシーというのがあって、それは結局、私がはじめたときのポリシーが現代でも脈々と生きていると思うんですよ。そういう意味ではかなり古いですわね。若いようだけれども、実は非常に古いんです。

徳大寺　それはけっして若さを失わないということなんでしょうね。

本田　そうです、そうです。

川本　時代が変わっても、知恵はオヤジ（本田宗一郎）さんの時代から変わらないと。そんなものコロコロ変わるべきものでもありませんしね。ただ、やり方なんかは、これは若いやつがやると……。その中でも肝心かなめのところには、かなりすれっからしみたいのを入れてあるんです。

本田　それからもう一つは、うち自体はどこから買った技術でもなけりゃ、借りた技術でもないんでね、よそでは、もとが全部アメリカからきたというのもあるそうですが、うちはそうじゃなくて、あくまでみんな、一人ひとりが苦労して叩き上げた技術である。だから、みんなから見れば非常に新しいようでも、うちの連中にいわせれば、かなり古いものもあるんですよ。結局、体験の度合いというか、習熟度の度合いね、そういう古さというものが車づくりでは大変貴重なんですな。

うちは、ごくわずかなあいだにどれだけモデルチェンジしたかしれない。オートバイもそうだけど、うちぐらいモデルチェンジしたところもないわな。

川本　表に出たのも相当ですけど、出ていないのも無数にありますからね。

本田　そういうモデルチェンジを通じて、技術が熟練し、煮詰まってきて、それが今度、新しく感じられるというのが一番いいんですね。

徳大寺　それが今のホンダの車じゃないかなあ。

本田　まあ、よそさまで何十年かかったことをうちは四、五年でやっちゃったからね、あまり儲からなかったけど（笑）。

川本　相変わらず使うほうが多くて（笑）。

道路行政は考え方を変えるべきだ

徳大寺　自動車そのものの未来というのは、どうなっていくとお思いですか。

本田　そうですね、私はある程度、電気《エレキ》のコントロールも入ってくるだろうと思いますね。

ただその前にね、道路というものをもっと国のほうで考えてもらわないとね。たとえば、いますぐにでもやってもらいたいのは、東海道なら東海道で、曲がり角に赤なら赤の印をつけてもらいたいですよ。まっすぐ行くときには、何も印なんかいらないから、曲がり角では必ず曲がる方向に色分けの標示をする。それをたどっていきさえすれば東海道へ出られる……。そういう道《みち》標《しるべ》をやれというんだけど、誰もやらんね。自動車が進むと同時に、道路関係も進んでもらわんと、本当の便利さというのは得られないんですね。まったく、日本の道路ぐらいお粗末なのはありゃしねえよ。

徳大寺 同感です。だいたい、外国のどこの都市へ行っても、国際空港へ降りてそこでレンタカー借りれば、自分のホテルまで行けますよ。成田からホテルオークラまでこられる外人がいたら、これは尊敬すべき外人です。まず100%これない。

本田 でしょうね。だから私は、それを解決するには、やっぱり曲がり角に標示をつけてくれと。

それともう一つ、案内標識を全部ローマ字かカタカナに変えてもらいたい。都心から成田へ行くのに「八千代台」というところがあるね。若い人は「ハッセンダイ」と読んじゃう。国際空港へ行くのに、日本人が読めないような標示をしておいて、これで道路行政をやってますなんて、とてもいえた義理じゃないよ。一番滑稽なのは、道路の両側にやたらと標語が立ててあることだよ。

「酒飲むな、家じゃ親子が待っている」

なんて、読んでいたら脇見運転でぶっかっちゃうよ。それをハイウエーに書いてあるんだ、いつの間に読むんだよ(笑)。

徳大寺 自動車というものを知らなさすぎるんだな、行政の人が。自動車は時速40km

で走っても、秒速にしたら10m以上になるわけですよ。そういう物理的なことが、まったくわかっちゃいない。

本田　役人なんてのは、あれ、自分が運転したことないんだね。

徳大寺　それですよ。役人になって出世しようと思うと、事故起こすと出世の妨げになるから車に乗らない。そんな人間が道路行政やってるんですから。

本田　おそれいっちゃうよな。これで文化国家日本をしゃべろうといっても無理だよ。文化国家日本をしゃべるんなら、まずそういうものから直していかないと。

徳大寺　不快な標語がある、「不要不急のマイカー使用はやめよう」。大きなお世話だって（笑）。こっちは好きで乗ってるんだから勝手にさせてくれ、国からガソリンもらってるわけじゃない。

本田　そうそう、「狭い日本、そんなに急いでどこへ行く」というのもひどいよ。そんなら自動車いらねえじゃねえかって。それで片一方では、日本の産業の発達に寄与してどうのこうのって……（笑）。

一八歳の事故率が高いのはあたりまえだ

徳大寺　免許にしてもそうですよ。実際、高校生にオートバイの免許を取らせない、乗せないなんて、アホな話だな。あれ、高校出ればみんな取るんだから。

本田　ハワイでは一五歳になると、ちゃんと免許取らせるんですよ。なぜ一五歳で取らせるかというと、一五歳なら親の監督下にあるから、親のいうとおりの運転をする。一八になると、俺は大人という意識があるから、あまり親のいうことを聞かない。だから事故が起こる。こういうことなんだね。

徳大寺　本田さんは先ほど、ものの考え方が大事なんだといわれましたが、これはぜひ世の中の大人たちに訴えたい。

よく、一八歳が一番事故が多いというでしょう。当たり前なんだ、一八歳で免許取ったばかりで、みんな未経験者、経験が一年未満なんだから、当然、統計取ったら一八歳の事故が一番多くなる。これを論拠にして、免許年齢を引き上げようなんて、バカも休み休みいえといいたい。仮に免許年齢を三五歳にしたら、三五歳が一番事故が多くなる。

本田　免許なんて一五歳で取れるようにして、その間に学校で交通ルールとか、命の尊さを教えるようにすべきなんだ。学校では、くだらないことは教えても、こと命に関することは、具体的なことは何ひとつ教えちゃいないんだよな。

川本　日本の場合、消去法で、やめるほう、やめるほう、落とすほう、落とすほうにばかり行きますね。そういう考え方が価値観になると、長い目で見たら、やっぱり国民全体がエネルギーを失っちゃって、しかも世界性をなくすと思うんですよね。危険だからやめろじゃなくて、危険を乗り越えてこそ、本当の危険がわかるんだし、知恵がつくことにつながるんじゃないかと思いますね。

徳大寺　そのとおりですね、全部芽を摘む考え方は日本の将来にも問題ですよね。

本田　まあ、日本は免許証発行している人だって、免許証ねえじゃねえか、そう思ってれば間違いないですよ（笑）。警察の人に、どうして免許取らねえんだと聞いたら、免許を持つと運転する、そうすると事故を起こすから大変だと……。これ聞いてア然としちゃった。これで取り締まられたんじゃたまったものじゃねえ。滅茶苦茶なんですよ。

徳大寺　われわれも後ろにくっついて旗を振りますから、今後は一つ、道路行政や、警察の取り締まり行政についても、どんどんドライバーの先頭に立って発言してくださいよ。今日はとっても楽しゅうございました。

本田宗一郎さんにはじめてお会いした日

本田宗一郎氏は一九九一年に亡くなった

［ああ、人生グランド・ツーリング 1992年刊］

「一所懸命におやりなさい」

本田さんは私の前にパンツ一丁で立っていた。

先に居間に入っていった博俊《ひろとし》君（本田博俊氏／ご存知、株式会社無限の社長さん［当時］である）は少々慌て気味に「こちら友達の杉江君、こちらオヤジさん」。

私はピョコンと頭を下げたに違いない。そして、そこからそそくさと出て博俊君の部屋に戻った。

湯上がりのパンツ姿に浴衣をはおって、真っ赤に体を火照《ほて》らせた本田さんの印象は強烈だった。その後三〇年を経たいまでも、その姿がありありと思い出される。

当時、私はクルマ好きということで博俊君を知った。式場（壮吉）、生沢（徹）、浮谷（東次郎）、ミッキー・カーティスなどの仲間であった。

博俊君は大のジャズ好きだった。私もそうだった。それでよく、新装なった落合の本田邸を訪ねた。

その後、ときがたつにつれ、初対面のときの本田さんの印象は、私の中で強くなっていった。あのとき、本田さんは一言、二言、私に向かって何かを話された。その言葉が本当は何だったのか、今となってははっきりしない。けれどなぜか、「一所懸命におやりなさい」というものだったと、私は記憶している。

二度目の出会いはそれから一七年か一八年後のことである。私はもう徳大寺有恒になっていた。原宿にあったホンダ本社の中で名前だけを名乗りあう短い再会だった。

三度目、これがいわゆる本当の出会いといいうるものであった。新装なった青山の本社ビルで、現在は社長の川本さんをまじえての本田さんへのインタビュー［前項］であった。

本田さんは私を憶えてくださっていた

インタビューの内容はほとんど憶えていない。

なぜFFに決められたかという私の質問には、いかにも技術者らしく、ていねいに、そして熱心に、FFがどんなに合理的であるかを説明してくれた。そこには「自動車屋のオヤジ」の顔があった。

このインタビューでは、憧れのスターにやっと会えた喜びが残った。元気な本田さんの肉声を聞けただけで嬉しいと思った。

当時の本田さんは、ホンダの親分としてF1をやれといっていただけではない。安全や公害問題にも大きな関心を持ち、積極的に発言する日本を代表する自動車人でもあった。

このインタビューからほどなくして、もう一度、思いもかけず本田さんに会うことができたのは幸運だった。ヨーロッパから日本へ向かう飛行機の中でである。本田さんはこのときも、どこかの国で勲章を授与されての帰りだったようだ（そういえば、本田さんはいろいろな国から功績を称えられたが、日本からはそうしたものを生前に与えられなかったのである）。

嬉しいことに本田さんは私を憶えてくださっていて、しばらくのあいだお話をすることができた。例によってせわしなくヨーロッパを駆け回った私は、機中ほとんどの時間を原稿を書いて過ごしたが、本田さんはそれを見ておられたらしい。後日、私が一所懸命に原稿を書いていたと、本田さんが話しておられたと人づてに聞いた。初対面のときの「一所懸命におやりなさい」の言葉が思い出されてちょっぴり嬉しくなった。そして、本田さんの印象に残ったことを知って、誇らしく感じたものである。

本田さんと個人的にお会いしたのは、以上の四回だけである。だから、私がここで本田さんについてあれこれいえるようなおつき合いはない。

本田さんは何をやるにもエンジンから考えた

しかし、ご子息の本田博俊さんや川本さんをはじめ多くのホンダの技術者から、本田さんのことをたくさんうかがっている。それらはいつでも、巷間伝えられる本田さんの肖像そのものを確認させてくれる話だった。

本田さんは根っからの自動車屋である。なぜなら、本田さんは何をやるにしても、エンジンから考えた人だ、と私は思うからだ。

本田さんは、エンジンによって日本人の生活を豊かにしようと考えた人だ。

あるとき、本田さんはいか釣り船に乗ったという。そのころのいか釣りは人間が手でタイミングを取ってするものだった。その大変な労働の様子を見た本田さんは、人間を楽にするいか釣りのシステムをエンジンを使ってつくれ、と研究所に命じた。

経験に基づくカンではかるタイミングをエンジンに置き換えていくことは、とても苦労だったというが、このいか釣りシステムは見事に完成した。そして、多くの漁業関係者に使われたという。

ホンダはかつて、雨に濡れないスクーター［1955年に発売した189ccのホンダ・ジュノオのこと。アクリル製エアスクリーンと屋根を与えられていた］を熱心につくろうとした。いったい、どこの誰が雨の日にも濡れないスクーターをつくろうなどと思うだろう。これもまた、本田さんらしい発想だ。

当時、スクーターやバイクは今のクルマのように〈実用〉に使われていた。その実用に使う人々のために、濡れないスクーターをつくろうと考えるのが本田さんという人なのだ。あまりにも有名な話だが、ホンダ最初の大ヒット作〝カブ〟は、自転車通勤する人を本田さんが、「あの自転車にモーターをつければ楽になる」と思ったことからつくられたのである。

この古典的ではあるが依然として正しいエンジン重視主義こそ、今に続くホンダ最大のアイデンティティである。ごく少数の例外を別にすれば、ホンダ車は過給エンジンに訴えない。自然吸気エンジンで高出力、高トルクを実現している。

だからといって、ホンダのターボ技術が劣るというのではない。かつて、1・5ℓターボ時代のF1では1500ccで1500馬力、つまり1cc1馬力の出力すら出したといわれるホンダなのだから。

そしてもう一つ。いつも大衆を考える思想、これもホンダの特徴である。私はそう考えている。〝大衆の生活をエンジンによって豊かにする〟というこの思想は、今もホンダ車に生きていると信じたい。

やさしさと合理主義が混じりあったクルマ

最近はときどき、「ホンダらしくない」と評されるクルマが出てきている。それはおそらく、本田さんの精神を生かしたクルマでないせいだろう、と私は思っている。本田さんが示した数々のやさしさと技術者らしい合理主義とが不思議に混じりあったところに、ホンダ車のアイデンティティが打ち立てられるべきではないか、と思うのだ。

本田さんはいつも「人マネをするな」といい続けた。確かにホンダ車は日本のマーケットにおいてはユニークだった。しかし、それは必ずしもヨーロッパにも例がないというわけではなかった。

たとえばホンダN360は、スタイルもそうだが、そのコンセプトそのものがミニのコピーであることは明白だ。それでも本田さんの顔を思い浮かべると、なぜか許せてしまう。本田さんのキャラクターによるものでもあろうが、無邪気だからだろう。あのSシリーズ最後のS800のラジエター・グリルはフォード・マスタングそっくりだが、そのへんのやり方はいかにも本田さんらしい。笑ってしまうのである。

そして、私はいつもこう思っている。本田さんは、世界中の人が素晴らしいと認めるオリジナルを、自分の手で、ホンダがつくれたらどんなに素晴らしいだろう、と思っていたに違いないのである。

本田家のクルマほとんどに乗せてもらった

本田さんのお好みのクルマはどんなものだったろう。

博俊さんと遊びまわっているころの本田家には、MGA、ジャグァー・マークII、フォード・ギャラクシー、ADO16［1962年に登場したBMCのFF小型乗用車の開発名。アレック・イシゴニスの設計で、エンジン横置きFFレイアウト］（MG1100）、フィアット2300ベルリーナなど、それこそ目もくらむようなクルマたちがあった。幸運というべきか、私はそのほとんどに乗せてもらった。とくにMGAやジャグァーは私の一生を左右するほど大きな衝撃を与えてくれた。

これらのクルマのほとんどは外がエナメル・ブラック、インテリアは真っ赤というものだった。MGAとジャグァー、それにギャラクシーがそうだった。ADO16は淡いグリーン系で、ほんの少しトーンの違うツートーンのボディだった。

おそらく、このカラーは本田さんのお好みだったろうと思う。しかしあの、自分を何より信じていると思える本田さんなのに、私の知るかぎりついにボディ・カラー黒、内装赤革という仕様のホンダ車はなかった。

本田さんは大衆の好みを感じとる名人だったから、ことによると「この俺の高級な趣味はみなさんには無理」と思っていたかもしれない。もしそうだとすると、それもいかにも本田さんらしい。

ちなみに私のNSXはこの黒／赤の組み合わせだが、このカラーをあえて選んだのはホンダだからである。

ポルシェに嫉妬していた？

本田さんは、私の知るかぎりメルツェデス、ポルシェという高級ドイツ車は所有しなかった。

かつて、このことを博俊さんに尋ねたことがある。博俊さんは「きっとオヤジはポルシェに嫉妬しているんだよ。ポルシェはって聞いても知らんぷりする。もちろん知っているくせにネ」といっていた。

いかにも本田さんらしいじゃないか。そのポルシェがNSXに対して最大級の賛辞を送っていることはお聞きになったろうか。

あるいは本田さんは、やはり機械として優秀なドイツ車より、人間と機械のプリミティブな関係を重視したイギリス車のほうが好みだったのだろうか。

ADO16に乗った本田さんは、いたく感心していたという。このへんが本田さんのクルマのお好みなのだろうと思う。そして、イギリス車のウォルナットと革のインテリアとともにイージー・ドライビングのアメリカ車をも積極的に肯定するという一見反対の要素が、そのクルマの趣味ゆえに両立してしまうのだ。

でも、こいつはクルマ好きのホンネなのだ。本田さんほどホンネを通して生きられた方はないだろう。

多くの人に楽をさせてやろうというのもホンネなら、それが売れてビジネスがうまくいくのもホンネなのだ。オリジナルを尊ぶのは大ホンネ。しかし、いいものを自分トコでつくりたいのもホンネ。そこのところは本田さんのキャラクターでバランスさせるところが本田さん流というのだろう。

過日、私は偶然、本田さんの乗用車に短時間ながら乗った。それは旧レジェンド・ベースのストレッチト・リムジンである。

イギリスのコーチワークによるこのストレッチト・レジェンドは、素晴らしいコノリー・ハイド［イギリスの自動車用皮革メーカー、コノリー社の牛皮］のインテリアを持っていた。が、本田さんはさほど気に入っている様子もなかったという。

きっと本田さんはストレッチト・レジェンドのリアシートにおさまる自分より、ビートに乗って飛び回る自分の方がお好みだろうと信じたい。

そう、本田さん、あなたの理想とした真のオリジナルにして素晴らしいクルマができましたよ。それがビートです。

『1986年版間違いだらけのクルマ選び』草思社,1985
『自動車博物館』三推社,1986
『1987年版間違いだらけのクルマ選び』草思社,1986
『1988年版間違いだらけのクルマ選び』草思社,1987
『ダンディー・トーク』自動車週報社,1989
『1990年版間違いだらけのクルマ選び』草思社,1989
『1991年版間違いだらけのクルマ選び』草思社,1990
『ニューヨークを楽しんだあと、私はポルシェ959の試乗に向かった』草思社,1991
『ダンディー・トークⅡ』自動車週報社,1992
『ああ、人生グランド・ツーリング』二玄社,1992
『1994年版間違いだらけのクルマ選び』草思社,1993
『1996年版間違いだらけのクルマ選び』草思社,1995
『1997年版間違いだらけのクルマ選び』草思社,1996
『1998年版間違いだらけのクルマ選び』草思社,1997
『ぶ男に生まれて』飛鳥新社,1999
『2000年版間違いだらけのクルマ選び』草思社,1999
『2000年下期版間違いだらけのクルマ選び』草思社,2000
『2001年下期版間違いだらけのクルマ選び』草思社,2001
『2002年夏版間違いだらけのクルマ選び』草思社,2002
『2003年冬版間違いだらけのクルマ選び』草思社,2002
『2004年夏版間違いだらけのクルマ選び』草思社,2004
『中高年のためのらくらく安心運転術』草思社,2006
『2012年版間違いだらけのクルマ選び』草思社,2011
『2013年版間違いだらけのクルマ選び』草思社,2012
『2015年版間違いだらけのクルマ選び』草思社,2014

徳大寺有恒 著・沼田亨 編『**自動車を変えた言葉―クルマとともに疾走する徳大寺有恒半生の記録**』河出書房新社,2014
徳大寺有恒/島下泰久 著『**2015年版間違いだらけのクルマ選び**』草思社,2014
徳大寺有恒 著『**俺と疾れ!!―自動車評論30年史　激動の20世紀編**』講談社ビーシー,2015
徳大寺有恒 著『**俺と疾れ!!―自動車評論30年史　変革の21世紀編**』講談社ビーシー,2015
徳大寺有恒 著『**徳大寺有恒ベストエッセイ**』草思社,2015
徳大寺有恒 著『**徳大寺有恒のクルマ運転術アップデート版**』草思社,2016
徳大寺有恒 著『**《文庫》ダンディ・トーク**』草思社,2016
徳大寺有恒 著『**《文庫》ダンディ・トークⅡ**』草思社,2016

初出媒体一覧

雑誌

「スコラ」1982年12月9日号,講談社
「月刊宝石」1985年10月号,光文社
「マダム」1986年10月号,鎌倉書房
「ぱいぷ」60号1988年刊,国連社
「モーターエイジ」1988年3月号,自動車週報社
「モーターエイジ」1989年1月号,自動車週報社
「VW WORLD」No.71989年刊,フォルクスワーゲン
「エムジャパン」1991年8月号,ウーマンズ・ウェア・デイリー・ジャパン
「ビーイング」1992年5月21日号,リクルート
「フレンドリー」1993年冬季号,ホテル・ニューオータニ
「フレンドリー」開業30周年特別号 1994年刊,ホテルニューオータニ
「月刊プレイボーイ」1994年10月号,集英社
「新そば」80号,北白川書房

書籍

『**正篇・間違いだらけのクルマ選び**』草思社,1976
『**続・間違いだらけのクルマ選び**』草思社,1977
『**1980年版間違いだらけのクルマ選び**』草思社,1979
『**クルマ選びの基礎知識**』草思社,1983
『**1985年版間違いだらけのクルマ選び**』草思社,1984

徳大寺有恒 監修『**2002年度版間違いだらけの輸入車選び**』世界文化社,2002
徳大寺有恒 著『**2003年冬版間違いだらけのクルマ選び**』草思社,2002
徳大寺有恒 著『**一台のクルマがあれば人生を変えるのに充分だ**』平凡社,2003
徳大寺有恒 著『**決定版女性のための運転術**』草思社,2003
徳大寺有恒 監修『**徳大寺有恒の「日本車はコレを買いなさい」**』世界文化社,2003
徳大寺有恒 監修『**徳大寺有恒の「輸入車はコレ買いなさい」**』世界文化社,2003
徳大寺有恒 著『**2004年冬版間違いだらけのクルマ選び**』草思社,2003
徳大寺有恒 著『**《文庫》ぶ男に生まれて**』集英社,2004
徳大寺有恒 著『**大人のためのブランド・カー講座**』新潮社,2004
徳大寺有恒 監修『**2004年上半期編徳大寺有恒の「輸入車はコレ買いなさい」**』世界文化社,2004
徳大寺有恒 監修『**2004年 下半期編徳大寺有恒の「間違いだらけの輸入車選び」**』世界文化社,2004
徳大寺有恒著『**2004年夏版間違いだらけのクルマ選び**』草思社,2004
徳大寺有恒 著『**徳大寺有恒のオトコの心得**』金沢倶楽部,2004
徳大寺有恒 著『**2005年 冬版間違いだらけのクルマ選び**』草思社,2004
徳大寺有恒 著『**間違いだらけの中古車選び**』講談社,2004
徳大寺有恒 監修『**2006年 上半期編徳大寺有恒の「間違いだらけの輸入車選び」**』世界文化社,2005
徳大寺有恒 著『**決定版徳大寺有恒のクルマ運転術**』草思社,2005
徳大寺有恒 著『**眼が見えない猫のきもち**』平凡社,2005
徳大寺有恒 著『**ぶ男の遺言**』講談社,2006
徳大寺有恒 著『**中高年のためのらくらく安心運転術**』草思社,2006
徳大寺有恒 著『**女性のためのクルマ選び**』扶桑社,2006
徳大寺有恒 著『**最終版間違いだらけのクルマ選び** 』草思社,2006
徳大寺有恒 監修『**女性のための〈徳大寺流〉クルマ運転術**』PHP研究所,2008
徳大寺有恒 著『**徳大寺有恒からの伝言―そろそろ、クルマの黄金時代の話をしておきましょうか**』二玄社,2008
徳大寺有恒/松本英雄/沼田亨 著・NAVI編集部 編『**徳大寺有恒といくエンスー・ヒストリックカー・ツアー**』二玄社,2008
徳大寺有恒 著『**間違いじゃなかったクルマ選び―古車巡礼**』二玄社,2009
徳大寺有恒 著『**間違いだらけのエコカー選び**』海竜社,2009
徳大寺有恒 著『**指さして言うtoyotaへ―誰のためのクルマづくりか**』有峰書店新社,2010
徳大寺有恒 著『**《文庫》ぼくの日本自動車史**』草思社,2011
徳大寺有恒/島下泰久 著『**2011年版間違いだらけのクルマ選び**』草思社,2011
徳大寺有恒/島下泰久 著『**2012年版間違いだらけのクルマ選び**』草思社,2011
徳大寺有恒/島下泰久 著『**2013年版間違いだらけのクルマ選び**』草思社,2012
徳大寺有恒/島下泰久 著『**2014年版間違いだらけのクルマ選び**』草思社,2013
徳大寺有恒 著『**駆け抜けてきた―我が人生と14台のクルマたち**』東京書籍,2013
徳大寺有恒 著『**新・女性のための運転術**』草思社,2014

徳大寺有恒 著『ダンディー・トーク2』自動車週報社,1992
徳大寺有恒 著『新・間違いだらけの外国車選び』草思社,1992
梶原一明/徳大寺有恒 著『自動車産業亡国論—トヨタ・日産の「正義」は日本の罪』光文社,1992
徳大寺有恒 著『1993年版間違いだらけのクルマ選び』草思社,1992
徳大寺有恒 著『ぼくの日本自動車史』草思社,1993
梶原一明/徳大寺有恒 著『目先の利益主義改革論—ニッポン企業醜さからの出発』光文社,1993
徳大寺有恒 著『1994年版間違いだらけのクルマ選び』草思社,1993
徳大寺有恒 著『間違いだらけの運転テクニック—あなたがやってる 事故らない!巻き込まれない!防衛運転のための必須項目』三推社,1993
徳大寺有恒 著『クルマの掟—僕の自動車文化論』二玄社,1994
徳大寺有恒 著『最新・間違いだらけの外国車選び』草思社,1994
徳大寺有恒 著『1995年版間違いだらけのクルマ選び』草思社,1994
徳大寺有恒 著『徳大寺有恒のクルマ選び77の法則』草思社,1995
徳大寺有恒 著『1996年版間違いだらけのクルマ選び』草思社,1995
徳大寺有恒 著『日本のクルマ社会を斬る!—『間違いだらけのクルマ選び』20年ベスト評論集』草思社,1996
徳大寺有恒 著『1997年版間違いだらけのクルマ選び』草思社,1996
徳大寺有恒 著『1996-1997年版間違いだらけの外国車選び』草思社,1996
徳大寺有恒/岡崎宏司 著『激論!!　もっとマトモなクルマに乗りなさい』小学館,1997
徳大寺有恒 著『大生活グルマ大テスト—ニッポンを走る乗用車115車種の実力』二玄社,1997
徳大寺有恒 著『1998年版間違いだらけのクルマ選び』草思社,1997
徳大寺有恒 著『今夜はノータイで決めよう—モテる男のダンディズム考』世界文化社,1998
徳大寺有恒 著『1999年版間違いだらけのクルマ選び』草思社,1998
徳大寺有恒 著『1998-1999年版間違いだらけの外国車選び』草思社,1998
徳大寺有恒 著『58歳からの楽々運転術』草思社,1999
徳大寺有恒 著『ぶ男に生まれて』飛鳥新社,1999
徳大寺有恒 著『日産自動車の逆襲—世界再編成と四百万台クラブの真実』光文社,1999
徳大寺有恒 著『2000年版間違いだらけのクルマ選び』草思社,1999
徳大寺有恒 著『2000年下期版間違いだらけのクルマ選び』草思社,2000
徳大寺有恒 著『男は男らしく生きろ!—自分の「スタイル」を極める。』大和書房,2000
徳大寺有恒 著『2001年上期版間違いだらけのクルマ選び』草思社,2000
徳大寺有恒 著『自動車産業進化論—日産革命が変えたメーカーたちの世界戦略』光文社,2001
徳大寺有恒 著『2001年下期版間違いだらけのクルマ選び』草思社,2001
徳大寺有恒 著『2002年上期版間違いだらけのクルマ選び』草思社,2001
徳大寺有恒 著『2002年夏版間違いだらけのクルマ選び』草思社,2002

徳大寺有恒 著『**1984年版間違いだらけのクルマ選び**』草思社,1983
徳大寺有恒 著『**徳大寺有恒の高性能車選び—全車ロードテスト**』三推社,1984
徳大寺有恒 著『**1985年版間違いだらけのクルマ選び**』草思社,1984
徳大寺有恒 著『**New Savanna RX-7**』光文社,1985
徳大寺有恒 著『**Newファミリア**』光文社,1985
徳大寺有恒 著『**Newアコード**』光文社,1985
徳大寺有恒 著『**Newスカイライン偏愛学—フルテスト!フルデータ! 走り、パワー、メカニズム…総点検!**』三推社,1985
徳大寺有恒 著『**ベンツvs.BMW: カー・グラフィティ**』光文社,1985
徳大寺有恒 著『**決定版ザ・ドライビングテクニック**』ネスコ,1985
徳大寺有恒 著『**1986年版間違いだらけのクルマ選び**』草思社,1985
徳大寺有恒 著『**ニューソアラ—徳大寺有恒の新車批評**』草思社,1986
徳大寺有恒 著『**女性のための運転術—高速道路も市街地も山道もスイスイ**』草思社,1986
徳大寺有恒 著・三推社 編,『**自動車博物館**』三推社,1986
徳大寺有恒 著『**1987年版間違いだらけのクルマ選び**』草思社,1986
徳大寺有恒 著『**いい女のカーライフ**』新潮社,1987
徳大寺有恒 著『**新・クルマ選びの基礎知識**』草思社,1987
徳大寺有恒 著『**1988年版間違いだらけのクルマ選び**』草思社,1987
徳大寺有恒 著『**間違いだらけの運転テクニック—防衛運転のための必須項目**』三推社,1987
徳大寺有恒 文・ベストバイク社 編『**かっこいいスポーツカー**』ベストバイク社,1988
徳大寺有恒 著『**自動車会社・生き残るのはどこか**』草思社,1988
徳大寺有恒 著『**1989年版間違いだらけのクルマ選び**』草思社,1988
徳大寺有恒 著『**ダンディー・トーク**』自動車週報社,1989
徳大寺有恒 著『**1990年版間違いだらけのクルマ選び**』草思社,1989
徳大寺有恒 著『**間違いだらけの外国車選び**』草思社,1989
徳大寺有恒 著『**ドアを開けると世界が見える—偏愛的ラジカル・カーライフ論「こんなクルマはいらない」**』小学館,1990
徳大寺有恒 著『**1991年版間違いだらけのクルマ選び**』草思社,1990
徳大寺有恒 著『**徳大寺有恒のクルマ運転術**』草思社,1991
徳大寺有恒 著『**ニューヨークを楽しんだあと、私はポルシェ959の試乗に向かった**』草思社,1991
徳大寺有恒 著『**徳大寺流クルマの愛し方愛され方—最高のつき合いを愉しむための知恵90**』三推社,1991
徳大寺有恒 著『**徳大寺流クルマ選び、これなら太鼓判!—アレコレ迷っている人の予算別、用途別…あなたのベストカーを決める本**』三推社,1991
徳大寺有恒 著『**1992年版間違いだらけのクルマ選び**』草思社,1991
徳大寺有恒/舘内端/大川悠著『**Best of NAVI Talk—日本自動車評論の地平を革新する1984-1992**』二玄社,1992
徳大寺有恒 著『**ああ、人生グランド・ツーリング**』二玄社,1992

徳大寺有恒　著作一覧

徳大寺有恒 著『**間違いだらけのクルマ選び**』草思社,1976
徳大寺有恒 著『**続・間違いだらけのクルマ選び**』草思社,1977
徳大寺有恒 著『**1979年版間違いだらけのクルマ選び**』草思社,1978
徳大寺有恒 著『**定本・基礎知識篇　間違いだらけのクルマ選び**』草思社,1978
徳大寺有恒 著『**スポーツカー・狼の法則―"本格派"と一目おかれる乗り方、愉しみ方**』講談社,1979
徳大寺有恒 著『**徳大寺有恒の自動車教室―くるま選び・運転テクニック・日曜整備総まとめ**』講談社,1979
徳大寺有恒 著『**1980年版間違いだらけのクルマ選び**』草思社,1979
アルバート・L・ルイス/ウォルター・A・マシアーノ 著・徳大寺有恒 訳『**世界自動車図鑑―誕生から現在まで**』草思社,1980
徳大寺有恒 著『**初めてのターボ車選び―走り、燃費、メカニズム、運転テクニックのすべて**』三推社,1980
徳大寺有恒 著『**1981年版間違いだらけのクルマ選び**』草思社,1980
徳大寺有恒 著『**間違いだらけの運転テクニック―防衛運転のための140項目**』三推社,1980
徳大寺有恒 著『**間違いなくうまくなる女性の運転術―山道も高速道路も市街地もスイスイ**』草思社,1980
徳大寺有恒 著『**「高効率車」時代のマイカー経済学―低燃費、高パワー車の選び方、乗り方**』祥伝社,1981
徳大寺有恒 著『**トヨタDOHC車選び―全車ロードテスト付き**』三推社,1981
徳大寺有恒 著『**1982年版間違いだらけのクルマ選び**』草思社,1981
徳大寺有恒 著『**間違いだらけのワンボックスカー選び―車種別・用途別**』三推社,1981
徳大寺有恒 著『**女性のためのクルマ選び―貴女にフィットするクルマはどれか**』草思社,1982
徳大寺有恒 著『**徳大寺有恒のクルマを相性で選ぶ本―代表40車種の「個性」を徹底解剖**』光文社,1982
徳大寺有恒 著『**1983年版間違いだらけのクルマ選び**』草思社,1982
徳大寺有恒 著『**間違いだらけの中古車選び―いままでの購入法は捨ててしまえ!**』三推社,1982
徳大寺有恒 著『**クルマ選びの基礎知識**』草思社,1983
徳大寺有恒 著『**ポルシェ911偏愛学**』三推社,1983

＊本書は、二〇一五年に当社より刊行した著作を文庫化したものです。

草思社文庫

徳大寺有恒 ベストエッセイ

2018年4月9日　第1刷発行

著　者　徳大寺有恒
発行者　藤田　博
発行所　株式会社 草思社
〒160-0022　東京都新宿区新宿1-10-1
電話　03(4580)7680(編集)
　　　03(4580)7676(営業)
　　　http://www.soshisha.com/

本文組版　有限会社 一企画
印刷所　中央精版印刷 株式会社
製本所　中央精版印刷 株式会社
本体表紙デザイン　間村俊一

ISBN978-4-7942-2331-9　Printed in Japan

草思社文庫既刊

徳大寺有恒
ぼくの日本自動車史

戦後の国産車のすべてを「同時代」として乗りまくった著者の自伝的クルマ体験記。日本車発達史であると同時に、昭和の若々しい時代を描いた傑作青春記でもある。伝説の名車が続々登場！

徳大寺有恒
ダンディー・トーク

自動車評論家として名を馳せた著者を形づくったクルマ、レース、服装術、恋愛、放蕩のすべてを語り明かす。快楽主義にも見える生き方の裏にあるストイシズムと美学――人生のバイブルとなる極上の一冊。

徳大寺有恒
ダンディー・トークⅡ

クルマにはその国で培われてきた美学がおのずと投影される。ジャグァー、アストン・マーチン、メルツェデス、フェラーリ、セルシオ等、世界の名車を乗り継いできた著者による自動車論とダンディズム。

草思社文庫既刊

穂積和夫
着るか 着られるか
現代男性の服飾入門

日本におけるアイビーの先駆的存在である著者がイラストと文章でメンズファッションの極意を説いた、伝説的バイブルの復刻版。オンオフに応用できる、時代を超えたスタンダードの着こなしが身につく一冊。

野上照代
完本 天気待ち
監督・黒澤明とともに

すべての黒澤作品の現場に携わった著者が、伝説的シーンの制作秘話、三船敏郎や仲代達矢ら名優たちとの逸話、そして監督との忘れがたき思い出を語る。日本映画の黄金期を生み出した男たちの青春記！

山田宏一・和田誠
ヒッチコックに進路を取れ

ヒッチコック作品の秘密を映画好きの二人が余すところなく語り明かす。傑出した映像技術、小道具、メークアップ、銀幕スターから脇役の輝き、製作裏話まで話は尽きない。映画ファン必見の傑作対談集。

神山典士
伝説の総料理長 サリー・ワイル物語

かつて日本に本格フランス料理を伝えた伝説のシェフがいた。横浜ホテルニューグランド初代総料理長にして、日本の西洋料理界に革命を起こした。数多くの料理人を育てた名シェフの情熱と軌跡を辿る。

小牟田哲彦
去りゆく星空の夜行列車

夜汽車に揺られて日本列島を旅する——。長距離移動の手段として長く愛されてきた夜行列車。失われた旅情を求めて「富士」「さくら」「トワイライトエクスプレス」「北斗星」など19の列車旅を綴る。

神尾健三
めざすはライカ！
ある技術者がたどる日本カメラの軌跡

戦後、いち早く日本のモノづくりの力を世界に示したのが「カメラ」だった。究極の目標であるライカをめざし、ミノルタ、ニコン、キヤノン等で奮闘した人々を描き、戦後日本カメラ発展の軌跡をたどる。

草思社文庫既刊

勢古浩爾
定年後のリアル

定年後は、人生のレールが消える。義務や目標から解放される代わりに、お金も仕事もない淡々とした毎日がやってくる。終わりゆく人生、老いゆく自分をどうとらえるか。老後をのほほんと生きるための一冊。

勢古浩爾
定年後7年目のリアル

「なにもしない」静かな生活はコシヒカリのような滋味がある。定年生活も早くも7年目に突入した著者が、不安を煽るマスコミに踊らされず、ほんわか、のんびり、日々を愉しく暮らす秘訣を提案。

勢古浩爾
さらなる定年後のリアル

そこそこの健康と、そこそこの自由。これさえあればなんとかなる——。68歳を迎えた著者が老境に入りつつある心境や日々のリアルをユーモアたっぷりに語る。好評「定年後のリアル」シリーズ書き下ろし！